Ce que pensent les chats

Édition originale

Was denkt meine Katze ?

Cet ouvrage a été publié pour la première
fois en 2016 par

Franckh-Kosmos Verlags-GmbH & Co. KG,
Stuttgart.

Copyright © 2016, Franckh-Kosmos Verlags-
GmbH & Co. KG, Stuttgart, Allemagne.

Responsable éditoriale : Alice Rieger

Conception graphique : Walter Typographie
& Grafik GmbH, Würzburg

Mise en page : Atelier Krohmer,
Dettingen/Erms

Fabrication : Klaus Jost, Julia Reinel

Édition française

Traduction et adaptation :
Christine Chareyre

Direction de la publication :
Isabelle Jeuge-Maynart & Ghislaine Stora

Directrice éditoriale : Catherine Delprat

Édition et coordination : Agnès Dumoussaud

Lecture-correction : Laurence Alvado

Adapatation graphique et mise en page :
J²Graph/Jacqueline Gensollen-Bloch

Couverture : Sandra Personnelli

Fabrication : Donia Faiz

© Larousse 2018
ISBN : 978-2-03-594624-9

Ce que pensent les chats

DOCTEUR BRIGITTE RAUTH-WIDMANN

COMMENT INTERPRÉTER
LEUR COMPORTEMENT
EN 180 PHOTOS

LAROUSSE

Sommaire

Le chat et l'homme

Adorables chatons

Informations utiles

Histoires de chat

N'est-il pas un peu présomptueux de prétendre décrypter les pensées de son chat? Eh bien, non! Certes, nous ne savons pas ce qui se passe dans sa tête et nous ne pouvons malheureusement pas le lui demander. Nous pouvons cependant affirmer avec certitude que ses comportements ne relèvent pas uniquement de l'instinct. Et c'est précisément ce que nous entendons montrer dans cet ouvrage.

Le chat est capable de prévision et d'anticipation. Il se souvient de ce qui a pu lui être utile ou agréable grâce à son excellente mémoire, qui est également associative : elle lui permet d'établir des liens entre les apprentissages acquis et les nouveaux défis à relever. Le chat apprend beaucoup par l'observation et l'imitation. C'est surtout dans ses relations avec les humains qu'il se montre le plus interactif et qu'il affiche les comportements les mieux adaptés. Non pas qu'il se résigne à son sort; il est beaucoup trop entêté pour cela. Il nous fait confiance, nous prête une oreille attentive et s'accommode de nos habitudes, nous acceptant dans sa vie. Nous ne pouvons que nous en réjouir et l'en remercier, en le respectant tel qu'il est – en ne lui attribuant pas des traits humains et en reconnaissant les aptitudes qu'il possède avec certitude. Selon ses capacités et son expérience, le petit félin est en mesure de mettre en place des stratégies ciblées, qui sont souvent couronnées de succès. En l'absence de communication verbale, il peut néanmoins faire l'expérience de la pensée et de l'émotion. C'est ce qui se produit notamment dans les échanges si émouvants, et empathiques, que nous avons avec lui. Le chat n'est pas hypocrite ; il s'exprime sans ambiguïté. Voyons comment.

Drôles de chats !

Les chats n'ont pas fini de nous étonner avec leurs comportements imprévisibles et extravagants. Nous pourrions nuancer bien des phrases de ce livre en ajoutant l'adverbe « généralement », car ces adorables félins nous réservent beaucoup de surprises. Qui ne connaît pas un chat qui boude le thon ou qui adore nager, un autre qui ne boit qu'au robinet ou qui urine uniquement sur la lunette des toilettes ? Tous ces comportements fantaisistes sont typiques du chat !

Le rituel de la toilette

Nos adorables compagnons partagent un point commun :
tous consacrent une grande partie de leur temps à la toilette,
qui s'apparente à un véritable programme bien-être. Chaque jour,
plusieurs heures durant, ils accomplissent ce soin complet du corps
minutieusement, avec beaucoup de zèle et une étonnante adresse.
Dès l'âge de 3 semaines, les chatons apprennent à nettoyer leur pelage
et, à 6 semaines, ils maîtrisent les gestes d'hygiène à la perfection.

Un gant de toilette rose

À l'aide de sa langue extrêmement mobile, le chat lave méticuleusement les parties du corps qui lui sont accessibles, un rituel qui s'accompagne le plus souvent d'exercices d'étirement et de contorsions pour le moins acrobatiques. D'une grande efficacité, ce « gant de toilette » recouvert de petits crochets durs fonctionne à la manière d'une étrille qui nettoie, lisse et masse en douceur.

Tout en souplesse

Pour parachever sa toilette, le chat a recours à ses griffes et à ses minuscules incisives en plus de sa langue. À l'aide de ces dernières, il mordille son pelage avec plus ou moins de force afin de démêler les nœuds. Il les utilise également comme un peigne. Une manière très habile d'entretenir à la fois le pelage et les dents elles-mêmes.

Je lèche mes pattes...

Pour les parties du corps inaccessibles avec la langue, le chat se sert de ses pattes. Il commence par les lécher soigneusement, avant de nettoyer ses joues, son front ou l'arrière de ses oreilles. Avec la même technique, il entretient régulièrement ses vibrisses, ou moustaches, très sensibles, qui se salissent pendant les repas et ne remplissent plus alors leur rôle tactile.

... et les relèche

Après cette première séquence, le chat lèche de nouveau ses pattes pour les nettoyer et les mouiller avant de répéter l'exercice. Qu'il utilise sa langue, ses pattes ou ses incisives, il arrache des poils en se livrant à ce toilettage méthodique et il les ingère, mais ils sont le plus souvent évacués sans problème par les intestins.

Regardez-moi!

Pendant le toilettage, les glandes situées sur le corps sécrètent des substances qui renforcent l'odeur caractéristique du chat. C'est aussi important pour lui que d'avoir un pelage impeccable. Rien d'étonnant qu'il laisse à ses congénères le soin de parfaire sa toilette, car ces échanges olfactifs entre eux sont un excellent moyen de communication.

Dans les bras de Morphée

Champions du sommeil, les chats peuvent dormir ou somnoler pendant 16 heures chaque jour. S'ils se sentent en sécurité, s'ils disposent d'un refuge chaud et confortable, s'ils sont bien nourris et tout simplement satisfaits, ils consacrent encore davantage de temps au sommeil.
Et ils rêvent beaucoup : jusqu'à 3 heures par jour.

Laissez-moi dormir !

Avec 22 heures de repos par jour, les nouveau-nés et les chats âgés méritent bien le nom de gros dormeurs. Chez les chatons, la situation évolue cependant rapidement, les phases de veille s'allongeant de jour en jour. Dès l'âge de 4 semaines, leur temps de sommeil équivaut à celui des adultes, mais ils rêvent beaucoup plus que ces derniers. Rien d'étonnant, avec les expériences passionnantes qu'ils vivent à longueur de journée et qu'ils continuent à intégrer dans leurs rêves !

Je suis si bien ici…

Les chats aiment le confort. Ils peuvent faire un petit somme n'importe où, mais lorsqu'ils veulent dormir un peu plus longtemps, ils préfèrent se retirer dans un endroit chaud et protégé, où ils seront sûrs de ne pas être dérangés et de pouvoir mettre tous leurs sens au repos. La chaleur permet aussi de maintenir constante la température corporelle, car pendant la phase de sommeil profond, le corps se refroidit sensiblement.

Séance de stretching

Lorsque le chat se réveille, il s'étire de tous ses membres pour détendre ses muscles et ses tendons, et activer la circulation sanguine. Il commence par tendre ses pattes antérieures vers l'avant, arrondit son dos et pousse son postérieur vers le haut, avant d'étirer ses pattes postérieures et finalement sa queue.

Bâillements salutaires

En général, le chat bâille à qui mieux mieux pour détendre les muscles de la figure, puis il se nettoie un peu. Les bâillements ne servent pas seulement à faciliter le réveil, ils contribuent aussi à réduire le stress. Ce comportement s'observe notamment lorsque le chat manque d'assurance ou qu'il hésite.

LE SAVIEZ-VOUS ?

Allongé sur le dos, les quatre pattes en l'air, totalement décontracté : le chat peut aussi dormir dans cette position, surtout par temps très chaud. Lorsqu'il se réveille, il enchaîne les roulades avec délice pour se refroidir sur le sol frais.

Voluptueuses roulades

La position adoptée pour le repos dépend principalement de la température environnante. Lorsqu'elle se situe autour de 10 °C, le chat se recroqueville sur lui-même en cachant sa tête sous son corps. Lorsqu'il fait un peu plus chaud, il se détend légèrement, jusqu'à s'étendre de tout son long autour de 20 °C.

Des envies pressantes

Le chat s'occupe avec autant d'application de son urine
que de ses excréments. Après les avoir éliminés, il prend tout d'abord
le temps de les renifler, puis il gratte le sol pour les enfouir
et les recouvrir avec les matériaux disponibles sur place. Et il ne choisit
pas au hasard ses lieux d'aisance. Qu'il s'agisse de déféquer ou d'uriner
en position accroupie, il cherche soigneusement l'endroit le plus approprié,
où il pourra enterrer facilement ses besoins, sans laisser d'odeurs
ou d'autres traces de son passage.

Pas toujours en cachette

Tous les chats ne choisissent cependant pas
de se cacher, laissant volontiers des signaux
à des endroits stratégiques de leur territoire.
Ils peuvent, par exemple, déposer leurs
excréments sur un petit tas de terre,
bien en évidence, avec les odeurs
qui les accompagnent. Ce sont surtout les chats
non castrés qui se signalent ainsi à leurs pairs.

Je suis passé par ici !

Chattes et chats, entiers et castrés, tous peuvent
aussi se mettre en scène d'une autre manière
pour communiquer avec ceux qui partagent
leur territoire : la queue dressée et frétillante,
ils se postent devant un objet vertical
qu'ils aspergent avec une petite quantité
d'urine. Ce comportement est tout à fait naturel.

Concurrence

Les chats qui vivent en liberté défèquent et urinent généralement dans des endroits distincts, mais la plupart des chats d'appartement font tous leurs besoins dans le même bac à litière. Il doit y avoir suffisamment de bacs dans la maison pour que les éventuels colocataires ne puissent pas se gêner et que les plus forts n'importunent pas les plus faibles. Les souillures sont souvent la conséquence de démonstrations de pouvoir pour s'approprier le coin le plus tranquille.

Un rituel strict

Urine et excréments sont soumis à un rigoureux contrôle olfactif, avant d'être recouverts minutieusement. Dès son plus jeune âge, le chaton met en place ce comportement instinctif. Rien n'est donc plus facile que d'habituer au bac à litière un chat qui arrive par exemple à l'âge de 4 mois dans une famille.

Messages olfactifs

Que les excréments et l'urine soient enterrés ou non, les odeurs sont perçues systématiquement par les congénères. Elles livrent de précieuses informations sur l'émetteur, notamment sur son état de santé et son alimentation, sa disponibilité à s'accoupler et son statut social.

Jouir de la vie

Les chats sont de grands jouisseurs et ils savent parfaitement comment s'octroyer des moments de bien-être. Rien à redire à cela ; ils sont simplement égocentriques. Ils ne tiennent compte de rien ni de personne, ils n'ont pas de réputation à défendre. Les chats saisissent donc toutes les occasions qui s'offrent à eux. Mais ils savent aussi faire preuve, si besoin, de prudence. Car le moindre moment d'inattention, chaque occasion qu'ils laissent passer peuvent leur être fatals.

Bain de soleil

Le chat se prélasse volontiers au soleil, savourant avec délice la chaleur de ses rayons sur son pelage. Il est capable de supporter temporairement des températures élevées, car les récepteurs cutanés sensibles à la chaleur sont presque limités à la région du museau (ils jouent un rôle majeur dans la capture des proies).

Il s'adapte à tout

Le chat fait preuve d'une remarquable capacité d'adaptation, bien utile pour relever les défis et qui lui ouvre beaucoup de portes, à commencer par celle de nos cœurs. Peut-être n'est-il pas, après tout, aussi égoïste qu'il en a l'air ?

LE SAVIEZ-VOUS ?

Les chats observent néanmoins des règles, plus particulièrement dans les interactions avec leurs congénères. Dans les groupes stables, il existe une hiérarchie que chaque membre respecte sans en être apparemment affecté. Ainsi, ceux de rang supérieur se reposent tout naturellement en haut de l'arbre à chat, tandis que ceux de rang inférieur restent en bas.

Chacun sa nature

Très individualiste, le chat réagit parfois
de manière impulsive. Ce que l'un apprécie
ou tolère avec flegme n'est pas obligatoirement
du goût de l'autre et peut même le perturber
au point de déclencher des feulements
ou de violents coups de pattes. Un chat
qui ne se sent pas harcelé supporte
généralement mieux les contrariétés.

Lieux d'isolement

Que ce soit pour se rafraîchir ou pour d'autres
raisons inhérentes à sa nature, le chat aime
pouvoir se réfugier de temps à autre dans
des tanières ou autres cachettes. Lorsqu'il est
accueilli régulièrement par les mêmes hôtes,
il leur manifeste beaucoup d'empathie
et de reconnaissance mêlée d'insouciance.

Quelle chaleur !

Par très forte chaleur, le chat adopte
un comportement que l'on observe plutôt
chez le chien : il halète. Il enduit soigneusement
son pelage avec sa salive pour profiter
de la fraîcheur consécutive à l'évaporation.
Voilà une judicieuse stratégie de survie !

Agile... comme un chat !

Avec leur corps souple, recouvert de poils sensibles, et leurs pattes agiles, tantôt douces comme du velours, tantôt acérées comme des crampons d'alpinisme, les chats s'accommodent de pratiquement tous les supports. Leur remarquable sens de l'équilibre, qui force notre admiration, en fait aussi des funambules hors pair – une aptitude qu'ils doivent à l'organe de l'équilibre, extrêmement performant, situé dans leur oreille interne.

Une patte après l'autre

Dès que quelque chose bouge, le chat se met en marche. Ses pattes agiles le conduisent avec détermination jusqu'à son but. Les corpuscules tactiles contenus dans les coussinets réagissent de manière très sensible aux plus petites vibrations et lui permettent de détecter la moindre secousse dans le sol.

Sur le podium

Les moustaches extrêmement flexibles inclinées vers le support (elles détectent les obstacles sans le moindre contact, guidant le chat dans l'obscurité totale), le regard droit devant lui

et les oreilles dressées, pointées vers l'avant, le chat avance avec assurance sur un tronc d'arbre, tel un mannequin. Sa queue lui sert de balancier. Le quadrupède serait tout aussi à l'aise sur un support beaucoup plus étroit.

LE SAVIEZ-VOUS ?

Dès la naissance, les cellules sensorielles de l'organe de l'équilibre sont extrêmement performantes. Ce qui explique que le chaton puisse trouver aussi facilement le ventre réconfortant de sa mère et se nourrir du lait de ses mamelles.

D'un bond

À la vitesse de l'éclair, le chat dégaine ses griffes pour escalader un tronc d'arbre. Il grimpe étage par étage en s'agrippant à l'écorce et en faisant onduler sa colonne vertébrale. Mais il doit apprendre à s'assurer pour grimper. Avant que le chaton puisse, à l'instar de ses aînés, s'élancer à vive allure à l'assaut de supports lisses, il faut que ses griffes aient le temps de durcir et qu'il puisse les sortir complètement telles les lames d'un canif.

De haut en bas

Même pour un chat un peu âgé, une promenade le long d'une clôture en bois s'apparente à un jeu d'enfant ; des années d'exercice ne sont pas la seule raison. Contrairement à l'audition et à la vue, l'organe de l'équilibre ne perd pas sa sensibilité avec le temps. Elle se dégrade seulement chez les individus très âgés.

Des pattes ultraperformantes

Grimper, gratter, chasser, capter les vibrations : quel autre animal que le chat a des pattes aussi fonctionnelles et polyvalentes ? Ce ne sont pas seulement les griffes, la base des griffes et les coussinets centraux qui sont responsables de ces diverses aptitudes. Les coussinets carpiens (à la hauteur du carpe) ainsi que les poils tactiles compacts, situés au-dessus, sont ultrasensibles et détectent les vibrations avec beaucoup d'efficacité.

Exercice d'équilibre

Pas question de rester au coin du feu, même en hiver ! Le félin, qui apprécie tant la chaleur, ne dédaigne pas les exercices d'adresse qui sollicitent ses muscles tout en stimulant ses réflexes. Le pelage épais et soigné maintient le corps au chaud. Les pattes bien vascularisées s'accommodent du froid grâce aux ingénieux échanges de chaleur qui ont lieu à l'intérieur des membres.

Pas le premier

Il progresse sans peine, une patte après l'autre, sur la barre métallique gelée, guidé par les signaux olfactifs : la truffe du chat s'intéresse beaucoup plus aux odeurs de ses congénères qu'à celles de la nourriture. La priorité, c'est d'identifier qui est passé par là et de savoir quels nouveaux objets imprégner de sa propre odeur pour marquer son territoire.

Barre fixe

Quoi de plus amusant que de se lancer à l'assaut des branches recouvertes de neige avec les autres chats et de s'y suspendre ! Pour monter, les griffes recourbées permettent de s'agripper en toute sécurité. Une fois l'ascension terminée, elles se rétractent dans leur poche à la vitesse de l'éclair, et le chat peut marcher tranquillement au-dessus du sol.

Même pas peur !

Le chat ne connaît pas la sensation de vertige, et c'est plutôt nous qui nous inquiétons parfois pour lui. Mais en cas de nécessité, il peut être sauvé par le réflexe du redressement : lorsqu'il fait une chute de quelques mètres, il a la capacité de se retourner pour retrouver l'équilibre, de sorte qu'il n'atterrit pas sur la colonne vertébrale, mais sur les pattes.

Une bouchée pour moi ?

L'escalade dans le froid ouvre l'appétit. Avec des pattes agiles et une longue queue pour assurer l'équilibre, rien de plus facile que de chaparder la nourriture des oiseaux qui, eux, sont généralement épargnés. Malgré son excellente aptitude à grimper, le chat chasse presque uniquement au sol, en utilisant deux techniques : l'approche et l'affût.

La chasse à l'approche

Pour réussir une chasse à l'approche, il importe d'être vif
et en pleine possession de ses moyens physiques, de s'approcher
à pas feutrés et de pouvoir « sentir » la proie avec ses pattes
extrêmement sensibles. Une vue perçante et une ouïe fine
sont également essentielles. Chez le chat, la vision, l'odorat
et l'ouïe sont véritablement exceptionnels.

Une vision hors du commun

On connaît surtout le chat avec des pupilles
ovales. Mais sous une lumière éblouissante,
elles se réduisent à d'étroites fentes (une
stratégie de protection) et, dans la pénombre,
elles se dilatent pour laisser pénétrer
le maximum de lumière. À l'arrière de la rétine,
un tapis réfléchissant améliore encore la vision
nocturne. La vue du chat est particulièrement
performante entre 2 et 6 m. Il repère en priorité
ce qui se déplace rapidement. Aussitôt, son
instinct de chasseur s'éveille et il s'immobilise.

À la dérobée

Tous les sens en éveil, le chat parcourt son
territoire à la recherche de proies. De temps
à autre, il s'arrête pour « scanner » les environs
immédiats avec ses yeux, son nez et ses oreilles.

Lorsqu'il repère quelque chose d'intéressant, il le fixe et s'en approche à pas feutrés.

Par monts et par vaux

Il connaît tous les coins et recoins de son territoire. Les chattes et les mâles castrés chassent généralement à proximité de leur logis, tandis que les mâles entiers s'aventurent plus loin, privilégiant les champs et les bois. Les chattes qui allaitent sont particulièrement performantes à la chasse.

Tout près du but

Lorsqu'il est presque arrivé à son but, sa vue perçante ne lui sert plus à rien. Ce sont désormais les oreilles qui prennent le relais. Le chat perçoit mieux que nous une large gamme de sons de très faible intensité. Mais il est aussi capable de détecter des fréquences nettement plus élevées, jusqu'aux ultrasons. Il localise mieux que nous les bruits et les sons isolés grâce à ses larges pavillons auriculaires, qui bougent indépendamment l'un de l'autre.

À l'attaque !

La persévérance paie. La tension monte dans toutes les fibres musculaires. Les oreilles se mettent à tressaillir, les vibrisses basculent vers l'avant, les pupilles s'élargissent. Le félin piétine le sol avec ses pattes antérieures. Soudain, il s'élance d'un bond sur sa proie qu'il capture avec ses pattes postérieures, avant de lui infliger un coup fatal sur la nuque.

La chasse à l'affût

Moins fatigante que l'approche, cette technique de chasse
se pratique plutôt dans un environnement que le chat connaît
bien. Il se poste, par exemple, devant un trou de souris et reste
immobile. Avec une patience d'ange, il observe et attend,
jusqu'à 20 minutes parfois, à l'affût du moindre mouvement.
Si rien ne bouge, le chat continue son chemin.

Aux aguets

Tous les sens sont en alerte maximale.
Les oreilles sondent les alentours, réagissant
instantanément aux sonorités aiguës émises
par les petits rongeurs. La truffe renifle
inlassablement. Les vibrisses détectent
le moindre souffle d'air. Les yeux perçoivent
les mouvements rapides.

Toc, toc, toc !

Pour le chat qui vit en liberté,
les souris représentent
la principale source de nourriture.
Contrairement à une croyance
répandue, les oiseaux ne figurent
que rarement à son menu.
Il ne choisit pas par hasard
de chasser au crépuscule :
c'est précisément à ce moment
de la journée que les souris sont
les plus actives. En outre, c'est dans
la partie inférieure de son champ
visuel que sa vision est la plus
performante, c'est-à-dire là où
se faufilent les petits rongeurs gris.

Que d'émotion...

Le chat peut dilater complètement ses pupilles pour laisser pénétrer le maximum de lumière, notamment dans l'obscurité. À l'arrière de la rétine, un tapis réfléchissant améliore encore la vision. Lorsqu'il est très excité, ses pupilles sont énormes et arrondies. Sous une lumière vive, elles se réduisent à de fines fentes.

Vas-y !

Les moustaches en éventail, dirigées vers l'avant, enserrent la sauterelle à la manière d'une main, mais sans la toucher. Le chat peut ainsi analyser sa proie en détail et déterminer l'endroit le plus approprié pour lui infliger le coup fatal. Il a déjà sorti ses griffes acérées, prêt à saisir sa proie.

Raté !

Les parties de chasse ne sont pas toujours couronnées de succès. À la vue d'une proie qu'il ne parvient pas à atteindre, le chat émet parfois des sons nasillards. Il ouvre et ferme la bouche avec des mouvements saccadés. Cette réaction instinctive est considérée par les spécialistes comme un comportement de substitution. On suppose qu'il sert à désamorcer les tensions lorsque le chat est frustré.

Les chats entre eux

Dans les interactions avec leurs congénères,
les chats font parfois preuve de brutalité,
mais il leur arrive aussi de jouer de leur
charme. Dans le quotidien d'un chat,
un congénère fait un bon compagnon de jeu ;
il n'est pas rare, cependant, que le jeu
dégénère en pugilat. Les pattes de velours
peuvent alors devenir menaçantes.

Messages olfactifs

De grands yeux expressifs, des oreilles imposantes, extrêmement
mobiles, de longues moustaches flexibles au milieu de la face :
les innombrables mimiques du chat lui offrent une large palette
de possibilités pour se faire comprendre. Sa démarche
et la position de sa queue sont aussi d'excellents indicateurs
de son humeur. Les odeurs constituent néanmoins le principal
moyen de communication avec ses pairs.

Le nez en avant

Les odeurs qui intéressent principalement
le chat dans son environnement sont tout
d'abord celles qu'il dépose lui-même, mais aussi
celles de ses congénères. Il marque son territoire
en éliminant naturellement son urine et ses
excréments, mais aussi en aspergeant
des supports verticaux avec ses jets d'urine.
Les messages chimiques, portant le nom
de « phéromones », sont encore plus efficaces.

Des odeurs excitantes

Présentes dans de nombreuses sécrétions
glandulaires, les phéromones sont transmises
par contact direct – sur des supports
stratégiques, sur les congénères ou sur nous.
Elles livrent des informations, par exemple
sur le statut social de son émetteur et sa
disponibilité à s'accoupler. Les molécules
phéromonales sont spécifiques au chat, qui est
seul capable de décrypter leur signification.

Très intéressant

Les oreilles dressées, les vibrisses en alerte dirigées vers l'avant, les yeux fixés sur le rameau devant lui, le jeune chat salive en flairant l'odeur qui s'en dégage. La bouche entrouverte, la lèvre supérieure légèrement relevée et le nez froncé, il s'approche le plus près possible du rameau pour s'imprégner de la phéromone déposée par un congénère. Eh bien non, ce qu'il parvient à y déchiffrer n'est pas à son goût. Les oreilles rabattues vers l'arrière et les moustaches retombantes témoignent de sa déception, mêlée d'irritation.

Je m'entraîne encore

Les molécules phéromonales doivent être dissoutes pour être perçues par le chat. Il y parvient grâce à un comportement particulier, le flehmen, qui, bien qu'inné, doit être stimulé par l'entraînement. Dès l'âge de 4 semaines, le chaton hume l'air et effectue de petits mouvements avec sa langue pour conduire le mélange d'air et de salive jusqu'au palais.

LE SAVIEZ-VOUS ?

Les phéromones ne sont pas perçues par le nez, comme les autres odeurs, mais par l'organe de Jacobson, situé sur le palais du chat, au niveau des incisives.

Des odeurs apaisantes

Le chat est capable de percevoir les phéromones sans se livrer aux étonnantes grimaces que l'on observe souvent sur sa figure. Mais s'il est attiré plus particulièrement par une odeur, il réagit par le flehmen. Bien que ce comportement existe chez tous les chats, ce sont les chats entiers qui l'expriment le plus fréquemment et avec le plus d'intensité pour déchiffrer généralement des messages à caractère sexuel. Les informations délivrées n'atteignent pas le cerveau de l'animal ; tout se passe au niveau émotionnel.

Parfums envoûtants

Des molécules comparables aux phéromones du chat sont présentes dans les végétaux. Après avoir reniflé de la valériane ou de la bruyère, certains chats peuvent tomber dans un état quasi extatique. Ils se frottent contre les plantes ou se roulent dedans avec délice pour imprégner leur corps de leur parfum. Ces odeurs ont, semble-t-il, un effet si grisant sur les chats que rien ne peut les arrêter dans ce comportement. Tous ne réagissent cependant pas de manière aussi euphorique. L'herbe à chat, ou cataire, peut même en laisser certains indifférents. Les odeurs d'une chatte ne suscitent pas non plus les mêmes réactions chez tous les chats. Certains se frottent contre elle avec insistance, tandis que d'autres ne la reniflent que brièvement avant de s'en éloigner.

Un rituel réconfortant

Le chat parfume tous les objets et les chats ou personnes qui se trouvent sur son territoire avec ses phéromones pour signifier sa présence et revendiquer son droit de propriété. Ces marques olfactives, apaisantes, lui procurent un sentiment de sécurité chaque fois qu'il les renifle.

En se frottant sur eux, le chat mêle leurs odeurs avec la sienne, répand ce mélange sur tout son corps lorsqu'il s'adonne à sa toilette et peut ainsi en profiter.

LE SAVIEZ-VOUS ?

Les glandes productrices de phéromones, qui jouent un rôle déterminant dans la communication du chat, sont situées sur les lèvres, le menton, les joues et dans la région des vibrisses. Elles sécrètent différentes associations de molécules. Cinq phéromones faciales, classées de F1 à F5, ont été identifiées à ce jour, chacune étant liée à un comportement précis.

Frottements et griffades

Bien que les messages olfactifs soient moins éphémères que les sons ou les traces visuelles, ils s'estompent avec le temps et doivent être renouvelés en permanence. Ainsi s'explique le besoin irrépressible qu'a le chat de se frotter aux objets et aux personnes de son entourage. Pour baliser les champs territoriaux, les pattes entrent elles aussi en action, car les coussinets renferment de nombreuses glandes qui sécrètent des phéromones.

Quand deux chats se rencontrent

Les chats se reconnaissent grâce à leur odorat, la face jouant un rôle de premier plan, lors de la rencontre, avec ses nombreuses glandes phéromonales. Ils prennent le temps de sonder mutuellement cette partie du corps en se flairant soigneusement, en se frottant et en se léchant pour s'imprégner des odeurs de l'autre. Ce tête-à-tête les renseigne sur l'identité du congénère : « Je t'ai déjà rencontré », « Tu fais partie de ma tribu » ou, au contraire, « Je ne te connais pas. »

Contact étroit

Pour entrer en contact avec ses congénères, le chat doit recueillir sur eux le maximum de messages olfactifs. Les phéromones n'étant détectables qu'à très faible distance, contrairement aux odeurs très volatiles, les protagonistes doivent se rapprocher au plus près pour pouvoir les percevoir et les analyser.

LE SAVIEZ-VOUS ?

La domestication du chat et le développement de sa socialisation ont entraîné l'apparition de nouveaux modes de communication, comme par exemple la queue dressée qu'arborent de nombreux individus lorsqu'ils s'approchent de congénères connus, qui leur inspirent confiance. Les spécialistes pensent qu'il s'agit d'un signe d'apaisement visant à détendre l'atmosphère et à éviter les conflits dans un environnement à forte densité de chats.

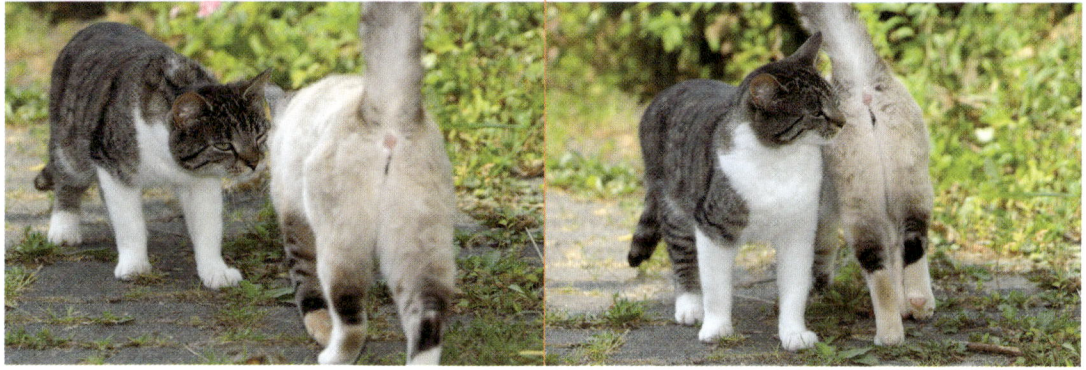

Contrôle olfactif

En règle générale, la rencontre de deux chats qui se connaissent et s'apprécient se déroule comme suit : ils se touchent doucement le museau en signe de salut, puis frottent leur figure l'une contre l'autre, au niveau du museau, de la bouche, parfois des joues jusqu'à l'oreille, en se léchant rapidement. Après quoi, ils se frottent mutuellement le reste du corps : l'ensemble de la tête, les flancs et la queue. Il arrive qu'ils poursuivent cette séance de frottements et de léchages en direction de la région anale, qui fait également l'objet d'un examen minutieux, en raison de la présence de glandes qui sécrètent des phéromones. Les glandes anales, qui sont généralement deux fois plus développées chez les chats non castrés que chez les autres chats, sont vraisemblablement associées à la reconnaissance individuelle ainsi qu'à la reconnaissance sexuelle.

Inséparables

Qui a dit que le chat n'est pas un animal sociable ? Une fois la reconnaissance terminée, les deux compères font un bout de chemin ensemble, souvent côte à côte, serrés l'un contre l'autre, en entremêlant leurs queues. Ils s'arrêtent parfois pour échanger des câlins sur les joues, puis chacun va son chemin, ou ils choisissent un endroit confortable pour faire la sieste ensemble.

Des griffades utiles

Le chat fait ses griffes pour les entretenir. Mais les griffades ont également une autre fonction : elles lui servent à marquer son territoire, en laissant des signaux visuels et olfactifs qui seront perçus par ses semblables. Pour le chat, les griffades sont aussi importantes que les autres types de marquage. Ce qui explique qu'il manifeste autant d'ardeur à gratter les supports qu'il rencontre, souvent dans des endroits stratégiques.

Faire ses griffes

Lorsque le chat gratte l'écorce d'un arbre ou la surface rugueuse de sa planche à gratter avec ses griffes nettement recourbées, il aiguise son arme la plus redoutable. Il élimine les étuis cornés abîmés, friables et cassants, taille les autres à la longueur appropriée, les affûte à la manière d'un poignard et nettoie la face inférieure.

Comme des crampons

Le chat déploie toujours beaucoup d'énergie lorsqu'il gratte, les griffes plantées dans les supports les plus variés : tronc sec et lisse, écorce dure, bois humide et pourri, revêtement de sol en sisal, carton épais ou grattoir recouvert de tissu. Signaux visuels durables pour les congénères, les griffades délivrent aussi des messages olfactifs très intéressants.

Quelle ardeur !

Les griffes complètement dégainées, et totalement absorbé par sa tâche, le chat gratte le support avec tant de force et parfois si longtemps qu'il finit par en arracher des morceaux. Pour ces séances de manucure ou de pédicure, il doit trouver le matériel approprié, car ses pattes comptent 18 griffes au total. Seules les surfaces horizontales conviennent à la fois à l'entretien des griffes postérieures et antérieures. Et pour pouvoir affûter les griffes de ses ergots, il doit se cramponner avec ses pattes antérieures à des supports verticaux de forme arrondie ou de section carrée. À l'extérieur, le chat trouve tout ce dont il a besoin, mais à l'intérieur, c'est à son maître de lui procurer le nécessaire.

Renifler pour savoir

Les marques visuelles laissées par les griffades ne sont pas les seuls signaux délivrés à ses semblables. Les griffades libèrent également des odeurs, ou plus précisément des phéromones sécrétées par les nombreuses glandes sudoripares des coussinets situés sous les pattes. Quelle information a laissé le chat qui vient de passer ? Pour le savoir, il suffit de renifler la griffade.

LE SAVIEZ-VOUS ?

Chez le chat, la partie dorsale de l'étui corné est beaucoup plus épaisse que la partie ventrale. Elle maintient ainsi la courbure caractéristique de la griffe, qui représente un atout non négligeable, autant pour capturer les proies que pour atteindre la cime des arbres.

Coucou, je suis là !

Lorsqu'il marque son territoire, le chat s'accommode parfaitement des spectateurs et, lorsqu'il se livre aux griffades, il n'hésite pas à faire son show. On sait désormais que ce rituel donne lieu à des séances beaucoup plus fréquentes et plus longues en présence de congénères qu'en leur absence. Plus un chat se sent sûr de lui, en confiance, plus il laisse de traces visibles de son passage à des endroits stratégiques de son territoire, avec les odeurs qui les accompagnent.

Je frotte mon menton

Lorsque deux chats se frottent la tête l'un contre l'autre, chacun dépose son odeur sur l'autre. Mais avec leurs phéromones faciales, ils balisent aussi leur territoire. Ils se frottent volontiers le menton sur les objets de leur choix pour s'approprier leur environnement et informer leurs semblables de leur présence. Tandis que certaines phéromones (notamment F2) sont liées à la sexualité et libérées principalement par les chats non castrés qui entrent en contact avec des chattes, d'autres (telle F4) servent à la reconnaissance sociale. D'autres encore (comme F3), déposées sur des objets le long des itinéraires familiers ou dans des lieux facilitant l'orientation, ont une fonction de balisage. Ces phéromones sont utilisées à des fins thérapeutiques pour lutter contre leurs troubles.

Tu vois mes griffes ?

Quoi de plus impressionnant que des doigts extrêmement mobiles, munis de griffes acérées ? Les pattes renferment aussi des glandes sudoripares, qui sécrètent en permanence des substances grâce auxquelles les coussinets restent souples et élastiques. En se déplaçant, le chat laisse des empreintes odorantes. Plus il est excité, plus les sécrétions sont importantes ; elles se répandent notamment dans les griffades.

Quand les pattes délivrent des messages de peur...

Les spécialistes ont découvert que les glandes sudoripares situées sur les coussinets émettent des phéromones appelées « phéromones d'alarme ». On pense que ce sont ces odeurs qui, dans les cabinets des vétérinaires, déclenchent automatiquement une réaction de peur chez les chats qui viennent en consultation.

Pas l'air bien méchant !

Plus les chats sont nombreux à se partager un territoire, plus ils ont tendance à le marquer avec leurs jets d'urine. Le chat d'intérieur manifeste lui aussi ce comportement, par exemple à l'arrivée de nouveaux colocataires. Le marquage d'ordre sexuel disparaît après la castration, mais les jets d'urine servant à marquer le territoire persistent.

Mesurer ses forces à distance

Lorsque le chat se sent menacé dans son espace vital, il met en place toutes les stratégies dont il dispose pour se faire comprendre sans ambiguïté de ses congénères, de manière à éviter si possible les bagarres : mimiques, gestuelle, postures, mais aussi vocalises en cas de nécessité (ronronnement en signe d'apaisement, feulement, crachements et grognement pour tenir l'ennemi à distance).

Qu'est-ce qui se passe ici ?

Le chat d'intérieur qui a l'habitude d'évoluer à l'extérieur demande à sortir avec insistance, même au cœur de l'hiver, pour aller chasser dans la neige ou simplement marquer son territoire. Mais il peut arriver qu'il fasse des rencontres tout à fait inattendues, qui le déstabilisent.

LE SAVIEZ-VOUS ?

Le chat fait généralement le dos rond lorsqu'il se sent très mal à l'aise dans une situation donnée et qu'il a envie de se défendre sans en avoir toutefois le courage.

Dos rond et queue en écouvillon

Immobile sur le tapis de neige d'un blanc immaculé, la chatte Fleur raidit ses pattes et hérisse les poils de son dos et de sa queue pour paraître plus grande et tenter d'impressionner son adversaire. Elle recule légèrement avec ses pattes antérieures, arrondit son dos en forme de U renversé et baisse sa queue. Cette posture caractéristique exprime la peur.

Est-ce que je me rends ?

À l'arrière-plan, Fleur n'est toujours pas dans son élément, si l'on en croit son pelage hérissé et son regard de côté, qui cherche une porte de sortie pour éviter la confrontation.
Elle paraît cependant moins agressive, si l'on en croit son postérieur qui se relâche et commence à fléchir. Ses oreilles, toujours dressées, ne traduisent pas la peur ; son regard paraît confiant. Fleur a compris qu'elle n'est pas en danger, car c'est sa sœur, Chipie, qui se tient devant elle.

Dénouement heureux

L'épaisse couche de neige n'offrant aucune issue sûre, Fleur ne peut s'échapper que par un bond qui inciterait Chipie à la suivre. Elle se fait donc toute petite pour solliciter sa bienveillance. Sa mimique relativement détendue montre qu'elle ne capitule pas en proie à la peur ; elle attend simplement la réaction de Chipie. Après avoir simulé l'approche et l'attaque, celle-ci passe à côté de Fleur sans lui décocher le moindre regard et poursuit son chemin.

Une issue incertaine

Malgré les différents moyens de communication dont il dispose, le chat se retrouve parfois dans des situations hasardeuses dont il peut être en partie responsable, s'il a cherché à trop impressionner ou s'il a dépassé les limites que lui autorise son rang. À moins qu'il ne fasse partie de ces chats qui n'ont pas développé d'aptitude à la socialisation, par manque de contact avec des individus du même âge pendant l'enfance.

De vrais copains ?

Ces deux protagonistes semblent faits pour s'entendre, mais leur relation peut se dégrader d'un instant à l'autre. Dans les groupes de chats, certains individus sont toujours sur la défensive dans leurs interactions avec les autres. Un tel comportement peut être dû à un manque d'assurance, qui se traduit par des tentatives d'approche maladroites.

Que veux-tu ?

Chipie a fait un petit somme. En voyant approcher un congénère, elle se baisse et attend, ni anxieuse ni sur la défensive. Mais elle se tient sur ses gardes, au cas où elle devrait fuir. Son regard est fixe, ses oreilles sont dressées et ses vibrisses dirigées vers l'avant. Son oreille droite, légèrement rabattue vers l'arrière, montre qu'elle n'est pas très à l'aise.

Mieux vaut partir !

Les sens en éveil, Tigrou s'approche d'un buisson, quand soudain arrive un autre chat. Tigrou s'accroupit pour éviter de paraître menaçant et de susciter une réaction agressive de la part de son semblable. Il ferme les yeux en signe d'apaisement et rabat légèrement ses oreilles vers l'arrière, montrant ainsi son malaise. Lentement, en redoublant de prudence, il tente de s'enfuir sans se faire remarquer.

C'est moi le plus fort !

Pour l'observateur, ce face-à-face peut sembler périlleux. Pourtant, ce que les deux chats mettent en scène relève davantage du jeu. Des conflits de ce genre, dont font partie les courses-poursuites, sont souvent motivés par la défense d'un lieu situé en hauteur. Le fait que les deux adversaires présumés échangent les rôles témoigne de la dimension ludique de la scène.

Et vlan !

Force physique et sens de la coordination entrent ici en jeu, au même titre que les coups de pattes. Les querelles éclatent uniquement lorsqu'il y a déséquilibre du rapport de force entre les partenaires. L'un des deux n'étant pas capable de se défendre, il est dominé par l'autre et contraint de s'enfuir sous la menace au lieu de lui tenir tête.

Des interactions à haut risque

Il y a un long chemin à parcourir avant de devenir adulte et de se faire accepter dans le groupe. Différents facteurs entrent en ligne de compte dans ce processus, à commencer par le patrimoine génétique, qui façonne en partie la personnalité. L'éducation est bien sûr importante, l'attitude de la mère déterminant l'aptitude à la socialisation. Enfin, les comportements au quotidien jouent également un rôle majeur.

Que fais-tu là ?

Le jeune chat doit apprendre qu'il ne doit jamais déranger un vieux chat pendant sa toilette. Poussé par la curiosité, il s'approche en faisant cependant preuve d'une certaine prudence : ses oreilles sont penchées et ses pattes légèrement fléchies. Il veut savoir à tout prix qui est là et ce qui se passe…

Laisse-moi tranquille !

D'un bond, il saute sur Fleur et la renverse. Prête à se défendre, sa tante lève les pattes pour protéger son ventre et sa gorge, et se donner le temps d'apprécier la situation : « Ah, encore toi ! » Léo est connu de tous comme un enquiquineur. Le chaton ne manque aucune occasion pour importuner les autres. À la vitesse de l'éclair, Fleur se redresse sur ses pattes, toujours sur la défensive, mais pas pour longtemps…

Puisque c'est comme ça...

... je vais jouer tout seul ! Léo a compris la leçon et se console en mâchouillant de l'herbe. Le chat a deux types de personnalité : il peut être audacieux et curieux (A) ou plutôt timide et peu entreprenant (B). Le comportement est déterminé par les traits de caractère propres à chacun, davantage que chez les autres espèces animales.

Léo est une personnalité de type A qui, contrairement au type B, accepte mal les déconvenues et devient vite capricieux. Mais il fait aussi partie des individus querelleurs, probablement à cause du coloris de son pelage. Il est en effet prouvé que, chez les chats, la couleur rousse est associée à davantage d'agressivité.

Attention à toi !

Léo a éveillé son agressivité. Les oreilles aplaties de Fleur traduisent son énervement et sa colère. S'il la harcèle un peu plus, elle ne va pas tarder à l'agresser. Heureusement pour lui, l'incident est clos avec des feulements accompagnés de crachements. Fleur a voulu éviter une bagarre avec son neveu.

La solitude... vraiment ?

Les chats non castrés libres évoluent dans un territoire beaucoup plus vaste que les autres chats. Ils s'éloignent plus souvent de la maison pour vagabonder seuls, mais y reviennent régulièrement, notamment pour rendre visite aux femelles en chaleur. Les mâles castrés sont nettement plus sédentaires. Lorsque l'espace ou la nourriture viennent à manquer, les femelles abandonnent aussi parfois le groupe.

Vas-tu descendre ?

Les chats ont chacun leur personnalité. Leur seuil de tolérance varie beaucoup de l'un à l'autre lorsqu'il s'agit d'accepter un semblable sur son territoire, quel que soit le lien qui les unit. Les chats, mais aussi parfois les chattes, ne donnent pas dans le raffinement pour exprimer leur désaccord. La position des oreilles de Lilly ne trompe pas : il y a de l'énervement dans l'air ! Elle est en colère contre sa fille qui est montée dans un arbre. « Est-ce que tu descends, ou dois-je aller te chercher ? »

Ne t'inquiète pas !

Nina descend finalement de l'arbre, bien décidée à calmer sa mère. Elle la salue affectueusement en dressant sa queue à la verticale et enchaîne

Vais-je y arriver ?

Nina a respecté les règles de la hiérarchie et du vivre ensemble : maintenant, sa mère va certainement la laisser tranquille. Après tout, qu'a-t-elle fait de mal en grimpant dans un arbre, juste au-dessus d'elle, pour regarder les oiseaux ? Mais aujourd'hui, Lilly n'est pas à prendre avec des pincettes : pas question de pardonner à sa fille (est-ce pour mieux l'éduquer ?). Elle envisage tout autre chose...

Avec pertes et fracas

Un corps à corps en embuscade, qui se terminera par une bagarre enjouée. Des hostilités de ce genre, qui n'en ont que le nom, ont lieu même dans les groupes d'adultes très stables, généralement fomentées par les plus intrépides. Tant qu'elles ne se produisent pas tous les jours et qu'aucun blessé grave n'est à déplorer, nul besoin de s'inquiéter.

les câlins en frottant sa tête contre la sienne. Puis elle se tourne doucement sur le côté, avec une seule chose en tête : disparaître incognito, sans perturber sa mère le moins du monde.

LE SAVIEZ-VOUS ?

Un groupe de chats devient instable à partir de cinq. Lorsque l'espace est vaste, avec suffisamment de nourriture, les chattes restent à la périphérie. Mais il arrive qu'elles s'éloignent comme les mâles pour s'isoler.

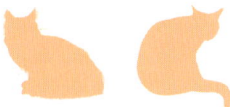

Bagarre de chats

Les enjeux sont de taille : défendre un territoire riche en gibier
et trouver des femelles en chaleur. Plus le chat est haut placé
dans la hiérarchie, plus ses chances sont grandes. Voilà pourquoi
les chats font tout pour accéder à un statut élevé, qu'ils s'efforcent
de préserver par divers comportements : marquage urinaire
et dépôts d'excréments, vocalises menaçantes et démonstrations
de force en tout genre.

Des coups et des tapes

Ces deux jeunes chats sont manifestement en train
de se tester. S'ils n'en sont pas encore au stade
de l'échauffourée, ils semblent occupés à négocier
leur rang dans la hiérarchie. De nombreux critères
déterminent le statut social : l'âge, l'expérience,
les aptitudes corporelles, mais davantage encore
la taille et le poids. Néanmoins, quand vient le moment
de trouver une partenaire, ce ne sont pas nécessairement
les prétendants les plus agressifs qui réussissent
le mieux. Pour interpréter sa partition d'une voix grave,
qui porte loin, il faut être un individu de bonne naissance,
mais également bien nourri.

LE SAVIEZ-VOUS ?

Le statut social des chats peut
changer radicalement lorsqu'ils ont
été castrés, avec en général une
descente vertigineuse vers le bas
de la hiérarchie. Il n'en va pas
de même pour les chattes une fois
stérilisées. Les spécialistes ont
observé que les chats entiers ont
tendance à chasser de leur territoire
les congénères qui ont été castrés.

Regards d'acier

Gros dos, échange de regards malveillants, grognements menaçants font partie des stratégies mises en place pour tenter d'intimider l'adversaire dans un simulacre de combat. Chacun cherche à imposer sa volonté, tout en évitant une vraie bagarre. Les chats disposent en effet d'armes très dangereuses qui peuvent infliger de redoutables blessures.

Sur le ring

La confrontation tourne au vinaigre. Feulements, crachements, grondements, sifflements, gémissements, cris perçants accompagnent des postures et une gestuelle qui ne laissent aucun doute. Violents coups de pattes, empoignades au sol (durant lesquelles chacun des deux protagonistes cherche à mordre l'autre), coups de queue, oreilles sur le côté : c'est une bagarre musclée qui oppose les deux chats castrés. Léo, le fils unique d'une chatte haut placée dans la hiérarchie, revendique par sa naissance un statut social plus élevé que Tigrou, chat beaucoup plus âgé. Une fois Léo castré, les querelles entre les deux chats ont continué pendant quelques mois, mais après ce combat décisif, leur relation s'est apaisée, laissant la place à des échanges plus amicaux.

Pure harmonie

Les chats peuvent entretenir des relations apaisées, à condition
de pouvoir s'échapper dès qu'ils se sentent menacés.
Des considérations plus subtiles entrent cependant en ligne
de compte pour qu'une relation stable puisse s'établir et déboucher
sur une complicité durable.

Dormir ensemble

Dans des groupes de chattes importants,
il n'est pas rare de voir deux ennemies de longue
date se rapprocher et se mettre à tisser des liens
amicaux. Cette volonté de réconciliation,
qui s'observe également chez les primates
et les canidés, montre que les chats attachent
eux aussi de l'importance au maintien
de la cohésion sociale. Ce comportement existe
également chez les mâles castrés.

Occupe-toi de moi !

Se blottir l'un contre l'autre et ronronner ensemble à qui mieux mieux : n'est-il pas meilleur passe-temps pour les chats ? C'est encore mieux lorsque chacun entreprend de toiletter l'autre, léchant minutieusement les parties du corps qui lui sont difficilement accessibles. C'est particulièrement agréable sur le menton, la nuque et le cou. Ces moments d'intimité ne servent pas uniquement à entretenir l'hygiène corporelle et à échanger les phéromones. Selon toute vraisemblance, les gestes de tendresse réciproques contribuent au bien-être général des chats. Sinon, pourquoi joueraient-ils autant de leur charme ?

Encore, encore !

De toute évidence, les petits félins sont de vrais jouisseurs, qui ont aussi un grand besoin d'harmonie. Ces deux traits de caractère sont connus pour réduire le stress et préserver la santé – ce qu'ils savent probablement mieux que nous ! Les vibrations de leur doux ronronnement (dont la fréquence est comprise entre 25 et 50 hertz chez le chat d'intérieur) ont manifestement des vertus thérapeutiques, autant sur nous que sur eux. Des études ont montré qu'elles augmentent la densité osseuse et qu'elles accélèrent la guérison en cas de lésion ou de fracture. Une thérapie musicale pour le corps, en quelque sorte.

LE SAVIEZ-VOUS ?

Les chats de statut élevé partagent davantage de moments de tendresse avec des pairs de même rang que de rang inférieur. Il en va de même pour ces derniers.

Le chat et l'homme

Nos compagnons font preuve d'une patience
sans limites lorsqu'ils observent leurs proies
potentielles, mais aussi leur maître.
Leurs organes sensoriels, ultrasensibles,
perçoivent le moindre de nos mouvements,
enregistrent chaque geste réconfortant.
Pour se faire comprendre, ils ont recours
au langage, mais pas le même
qu'avec leurs semblables.

Avec mon maître

Entre congénères, les chats savent imposer leurs exigences :
tel comportement chez l'un déclenche automatiquement telle
réaction chez l'autre. Ainsi, le plus souvent, le chat obtient
exactement ce qu'il attend. Pourquoi cette stratégie
ne fonctionnerait-elle pas aussi dans les interactions avec
les humains ?

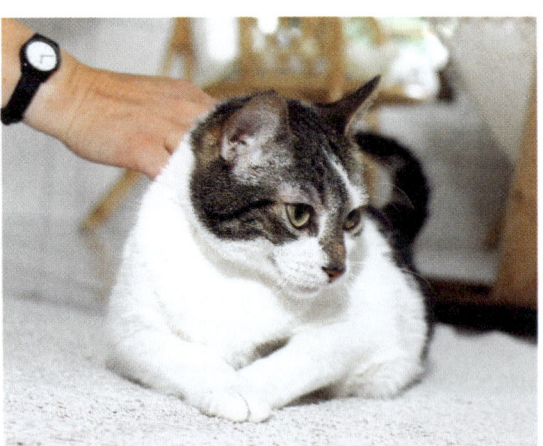

Là, exactement !

Le chat exprime clairement ses demandes,
auxquelles nous répondons généralement sur-
le-champ. Ce n'est pas par obligation, cela va
de soi, tout simplement. En dehors des besoins
élémentaires tels que la nourriture, il demande
à être cajolé de temps à autre, et rien ne doit
venir contrarier notre merveilleuse complicité.

Si chaud, si moelleux...

D'une bourrade amicale, la plupart des chats
viennent se poser sur les genoux de leur maître
pour se faire caresser. Ils ronronnent
de satisfaction quand ils ne nous pétrissent
pas avec leurs pattes – ce qui paraît être
le comble du bonheur pour eux. S'il leur arrive
de planter leurs griffes dans notre peau, c'est
un simple réflexe, dénué de toute intention
malveillante. Les réprimander serait mal venu,
et incompréhensible pour le chat. Mieux vaut
prévoir un coussin !

Des amis fidèles

Jeunes ou âgés, nous faisons partie intégrante de l'univers olfactif de nos chats. Ils nous témoignent leur affection en frottant leur tête et leurs flancs contre nous. Ils nous caressent avec leur queue pour déposer les phéromones de leurs glandes anales et baliser ainsi leur territoire.

Cherche compagnon de jeu

Que ce soit pour quémander une friandise ou pour jouer, le chat sait user de son pouvoir de séduction. S'il se frotte volontiers aux personnes les plus familières, il n'hésite pas non plus à les lécher et à les mordiller doucement, de préférence sur les mains. Comment ne pas succomber ?

Des signes qui ne trompent pas

Les chats passent beaucoup de temps à nous observer,
et nous devrions faire de même, tout simplement pour mieux
les comprendre. Si leurs miaulements peuvent revêtir différentes
significations, la position de leurs oreilles nous renseigne également
sur leur humeur. En décryptant les messages de ces petits félins,
nous sommes davantage à même de répondre à leurs besoins,
ce qui se révèle bénéfique pour eux comme pour nous.

Miaou !

Chaque chat possède son propre langage,
et il n'est pas bien difficile de les reconnaître
à leurs miaulements. En modifiant la longueur
et l'accentuation des syllabes, ils expriment
leurs états d'âme et leurs souhaits. Le « a »
accentué indique qu'ils sont déçus ; lorsque c'est
le « ou », ils réclament quelque chose.

Salut !

La queue dressée à la verticale en signe
de salutation amicale – tout en exposant sa région
anale dans l'intention de se frotter –, Léo cherche
manifestement le contact. Il suffit de l'appeler
d'une voix affectueuse pour le voir aussitôt
recourber l'extrémité de sa queue comme s'il
voulait nous dire : « Moi aussi, je t'aime. »

Fuir par sécurité

Le jeune chat préfère s'enfuir. Ce n'est cependant pas une fuite motivée par la panique, comme l'indique son attitude décontractée. Seule la queue montre que quelque chose a éveillé sa méfiance et qu'il ne veut pas prendre de risque. Bien qu'il ne soit pas poursuivi, il file, en faisant de grands bonds, en direction du refuge qu'il a repéré.

Laisse-moi tranquille !

Une impression de malaise et une posture défensive : les yeux, les oreilles et les moustaches sont dirigés vers l'avant pour suivre le mouvement du chat qui s'avance. Plus il s'approche, plus le vieux chat se grandit ; il raidit ses pattes postérieures, hérisse les poils de sa nuque et se met à donner des coups de queue nerveux.

Va-t'en !

Les oreilles sont légèrement tournées vers l'arrière. Les moustaches à l'horizontale, serrées les unes contre les autres, ont perdu leur souplesse. Il ne s'agit pas vraiment ici de colère ou de mauvaise humeur, mais plutôt d'un manque d'assurance qui confine à la peur. Pourtant, le félin n'a pas l'intention de s'enfuir ; il veut seulement tenir l'ennemi à distance. Il ne va pas tarder à cracher et à feuler, signes associés à une attentive offensive.

Mais qui es-tu donc ?

Il y a des races de chats, ou plus précisément des chats, qui ne trouvent rien à redire si leur maître les tient en laisse comme des chiens ou les emmène avec eux en vacances ; bref, qui sont toujours ouverts à la nouveauté. Les individus les plus confiants sont capables de sauter brusquement sur les genoux de n'importe qui, sans prendre la peine de vérifier où ils atterrissent. D'autres sont plus réservés, mais ce sont aussi de vrais chats !

Qu'est-ce qui se passe ici ?

Les oreilles dressées, les vibrisses dirigées vers l'avant et les yeux grand ouverts, le chat observe la bestiole qui bouge devant lui. L'extrémité de sa queue, qui tressaille, indique qu'il est tendu, car il ne parvient pas à jauger la situation. Normalement, il devrait s'approcher à pas feutrés, avant de bondir sur la proie pour la capturer. Mais il hésite.

Drôle d'odeur

Non merci, pas pour moi ! Ce qu'il renifle n'est pas du tout de son goût, comme le laisse deviner sa mimique. Est-ce la crème pour les mains à base d'huile de coco (inodore pour nous, mais insupportable pour les chats) qui l'importune à ce point ? Pourtant, habituellement, il fait plutôt preuve de confiance et d'ouverture avec les personnes qu'il ne connaît pas.

Ça dépasse les limites !

Ce genre de provocation de la part d'un humain, qui plus est d'un étranger, est tout simplement intolérable. Ce sont surtout les chats non castrés qui ne supportent pas qu'on leur touche le ventre. S'amuser à les chatouiller comme ici, sans protéger ses mains, relève de l'inconscience : mieux vaut prendre au sérieux la posture défensive du chat pour éviter les égratignures.

LE SAVIEZ-VOUS ?

Nous avons tout intérêt à respecter les traits de caractère propres aux races ou aux individus, de sorte qu'ils ne se sentent ni harcelés ni ignorés. Il faut un peu de temps, mais aussi d'intuition pour savoir ce qui leur convient. Attendre qu'un chat inconnu s'approche de nous et recherche le contact est sans doute la meilleure chose pour eux comme pour nous.

Ne t'approche pas !

Les paupières closes et la tête légèrement penchée sur le côté, le chat nous fait comprendre qu'il est préférable de ne pas s'approcher. Avec la photographe, nous avons pourtant fait un pas en avant. Aussitôt, le chat a exprimé son désaccord par la position de ses oreilles. L'extrémité de sa queue s'est mise à tressaillir nerveusement, et nous avons battu en retraite. Le magnifique Bengal redressa instantanément ses oreilles et ouvrit grand ses yeux.

Pas drôle du tout !

Certains pensent que les chats de race sont plus proches de l'homme que les chats de gouttière : plus affectueux, plus bavards et plus ouverts avec les étrangers. Personnellement, je ne partage pas ce point de vue, car mes chats, qui ne sont pas de race, m'accompagnent partout ; ils sont très affectueux et très bavards. Cette idée vient de ce que beaucoup de chats de gouttière, par manque de socialisation, sont davantage solitaires, mais pas ceux qui ont côtoyé les humains dès leur plus jeune âge.

Tu me tapes sur les nerfs !

Pourtant, il peut arriver que le chat le plus affectueux et le plus communicatif soit de mauvaise humeur. C'est le cas aujourd'hui de Chipie qui est grincheuse, car elle ne supporte pas les crépitements du flash. Elle se demande si elle doit partir sur-le-champ pour échapper à l'appareil photo ou si – comme l'indique clairement son langage corporel – l'intrus va finir par disparaître après avoir compris qu'il la dérange. Heureusement, le message a bien été reçu. Néanmoins, Chipie resta un temps contrariée.

LE SAVIEZ-VOUS ?

Les émotions des chats étant très complexes, nous devons accepter, en tant que maîtres, qu'ils soient de mauvaise humeur de temps à autre. Tous ne peuvent pas réagir aux frustrations de la même manière. La sérénité, l'égalité d'humeur, la patience à toute épreuve ne s'acquièrent pas si facilement. Les gènes déterminent en partie l'aptitude des petits félins à gérer leurs frustrations et leur insatisfaction.

Je m'en vais !

D'un pas rapide, Chipie s'en retourne chez elle : quelque chose l'a contrariée. La queue n'est pas verticale en signe de satisfaction, les oreilles ne sont pas dressées, indiquant une vigilance maximale, les yeux ne sont pas grand ouverts. Son langage corporel traduit nettement son irritation : « Ne m'énervez pas ! » Laissons-la tranquille pour qu'elle puisse se détendre.

Problème, problème...

La queue, raide au niveau de la racine, tombe presque à la verticale : cette posture montre que la chatte se trouve dans une situation conflictuelle. Quelque chose retient son attention devant elle et elle se sent menacée derrière. Si l'extrémité de sa queue se met à tressaillir et qu'elle redresse son postérieur, ça n'augure rien de bon.

Quel air revêche !

La chatte cherche à fuir dans une posture défensive. Elle se fait petite, les paupières légèrement baissées, les oreilles droites, les moustaches plaquées contre les joues (donnant l'impression que le crâne est étroit et inoffensif), elle traverse discrètement la pelouse. Elle sait qu'elle ne doit surtout pas regarder l'ennemi dans les yeux, pour éviter de l'exciter.

Me comprends-tu ?

Les malentendus ne viennent pas seulement de ce que nous ne comprenons pas ce qu'ils nous disent. Notre tendance à leur attribuer des traits humains peut aussi en causer. Certes, les chats peuvent être capricieux, se mettre en colère, manifester de l'affection pour leur maître et être affectés par sa disparition. Ils restent néanmoins des animaux.

Bienvenue !

Les chats qui sont habitués dès leur plus jeune âge à côtoyer des étrangers sont généralement pressés de savoir qui arrive lorsque quelqu'un sonne à la porte. Ils reconnaissent aussitôt les personnes connues à la voix, avant même de les renifler. Ils sont même capables d'identifier le bruit du moteur d'une voiture familière, qui les fait sauter instantanément sur le rebord de la fenêtre. Il n'est pas rare qu'ils s'y installent pour attendre le retour de leur maître le soir.

À quoi on joue ?

Malgré la compagnie de congénères, les chats ont envie de jouer avec leur maître lorsqu'il revient à la maison après une longue absence. En général, ils commencent par réclamer leur nourriture, après quoi leur mimique indique qu'ils sont prêts à l'action. Comment résister à de telles sollicitations ? Soulignons que, pour mener une vie heureuse et équilibrée, chaque animal a besoin qu'on s'adresse à lui et qu'on s'occupe de lui personnellement, en respectant son caractère.

Faisons une pause !

Nos chats sont malins : ils savent s'attirer les faveurs de leur maître, si besoin au détriment de leurs semblables. Il nous appartient donc de veiller à ce qu'aucun d'entre eux n'occupe le devant de la scène, n'importune les autres ou ne harcèle l'un des membres du groupe au point qu'il abandonne la partie. Les plus jeunes apprécient naturellement les jeux endiablés, mais nous devons également faire participer les plus âgés, moins vaillants, et ceux qui sont plutôt réservés.

Tu me déranges !

Lorsque les chats (chacun selon son caractère) sont prêts à nous manifester leur affection et leur fidélité, ce n'est généralement pas tout à fait désintéressé. Par ailleurs, la plupart d'entre eux sont plutôt têtus, comme ils savent nous le faire comprendre. Après tout, les chats ne sont pas des chiens, et c'est très bien aussi.

Petits divertissements

Accueillir deux jeunes chatons issus de la même portée semble incontestablement le meilleur choix. Ils se connaissent, se comprennent, savent jouer et partir à la conquête du monde ensemble. Des individus du même âge étant généralement de force égale, les désaccords sont rares. Par contre, en ce qui concerne leur goût de l'exploration, leur malice et leur adresse, ils ne manifestent pas obligatoirement les mêmes aptitudes, y compris lorsqu'ils appartiennent à la même race.

Souris volante

La souris qui se balance devant lui est doublement intéressante, car elle fait du bruit ! Le jeune chat s'entraîne, concentré, à l'atteindre avec ses pattes : « Je vais bientôt t'attraper ! », pense-t-il sans doute, mais chaque fois, il manque sa cible de peu. La proie est trop loin ou trop près, ou ses griffes ne sont pas assez sorties. Il ne se soucie pas de sa sœur qui aimerait bien participer au jeu.

Jeunes talents

« Je t'ai eue, enfin ! » Les chatons sont comme les jeunes enfants : pour découvrir les objets, ils éprouvent le besoin de les porter à leur bouche. Celle du chat renferme des récepteurs tactiles qui lui permettent de sonder soigneusement ses proies. Une aptitude qui mérite d'être développée pour mieux réussir à la chasse.

Quel curieux !

D'une curiosité insatiable, les chatons sont prêts à multiplier les expériences à longueur de journée. Nous devons donc nous efforcer de répondre à leur demande. Leurs initiatives ne sont pas toujours couronnées de succès, mais peu importe : ils doivent apprendre à gérer leurs échecs. Rien de tel que de les inciter à mettre en place de nouvelles stratégies.

Toujours en éveil

Non, ce n'est pas encore l'heure de la sieste pour le jeune intrépide qui a repéré quelque chose d'intéressant... Peut-être un congénère pour une petite partie de catch ? En dehors des jeux avec de fausses proies, les interactions avec les congénères sont indispensables dès le plus jeune âge pour le développement du chat.

L'ennui ? Connais pas...

L'impression d'ennui et de solitude, souvent associée à un état dépressif et à des comportements destructeurs, ne serait connue, semble-t-il, que des chats d'intérieur, qui passent de longues heures seuls à la maison, sans maître ni congénères. Les animaux qui vivent en liberté sont occupés à la chasse et sont confrontés en permanence à de nouvelles découvertes qui satisfont leur curiosité et les aident à grandir.

Partie de pêche

Chez les jeunes comme chez les plus âgés, le jeu est essentiel pour la santé physique et mentale. Tous les chats n'apprécient pas de se mouiller les pattes pour pêcher des fleurs en plastique qui flottent à la surface de l'eau. Mais c'est un vrai plaisir, pour l'observateur, de voir avec quelle persévérance certains suivent des yeux les objets qui leur échappent, jusqu'à ce qu'ils dégainent leurs griffes pour les pêcher habilement.

Bonne promenade !

Le chat apprécie de pouvoir aller et venir librement, que ce soit sur le balcon, sécurisé par un filet, ou dans le jardin, mais aussi à travers les champs et les bois. Toutefois, avant de le laisser partir, il convient de s'assurer que leurs itinéraires ne comportent pas de danger. Dans les environnements urbains, où le trafic est dense, il est préférable de prévoir de quoi le divertir à l'intérieur plutôt que de l'exposer à trop de risques.

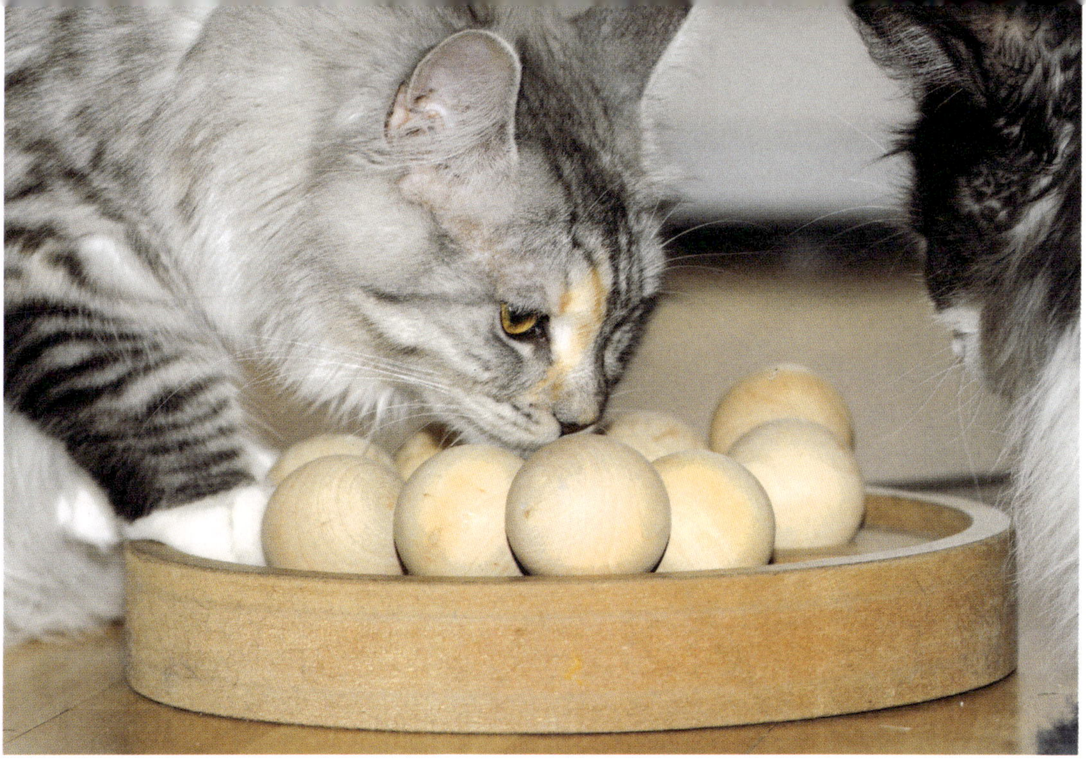

Pas si facile !

Les jeux interactifs comme celui-ci offrent l'occasion au chat de développer ses réflexes et son adresse (il s'agit de trouver des friandises placées sous les boules), mais également son odorat. Chaque boule ne cache cependant pas une récompense ; il faut donc parfois du temps et de la patience pour les dénicher.

Chambre avec vue

Cette mimique n'est pas celle d'un chat qui s'ennuie. Les petits félins se postent volontiers à la fenêtre pour voir ce qui se passe à l'extérieur et s'ils peuvent sortir, notamment par mauvais temps.

Il vaut la peine, cependant, de vérifier si ce regard fixe ne traduit pas un comportement de peur, motivé par la présence de congénères.

LE SAVIEZ-VOUS ?

Le chat excelle dans l'apprentissage par l'observation. Il commence par regarder comment les autres procèdent pour être sûr de réussir quand vient son tour. Très malin !

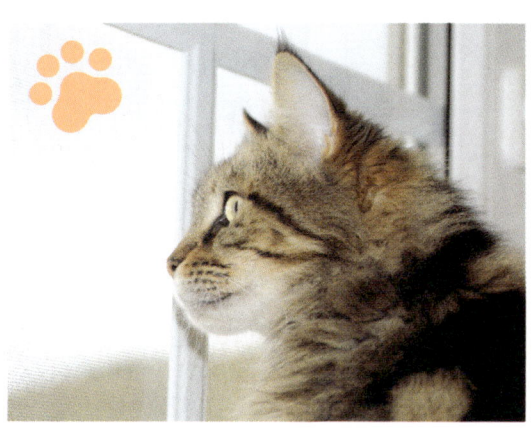

Rencontres
d'un autre genre

Celui qui a le droit de sortir doit faire ses preuves en permanence. Mais les chats ont rarement des problèmes, grâce à leur sens de l'observation très développé, doublé d'une capacité d'adaptation hors pair. C'est sans doute avec les chiens que les interactions sont les plus captivantes. Nos compagnons sont également capables d'avoir des échanges amicaux et de tisser des relations de confiance avec beaucoup d'autres espèces animales, jusqu'à intégrer dans leur répertoire des éléments de leur langage.

Ne bouge pas !

Beaucoup de chats laissent les chiens flairer leur région anale, même brièvement. Eux aussi sont intéressés par les informations qu'ils pourraient y trouver. Mais comme nous, ils sont incapables de déchiffrer les phéromones des chats. Ils se contentent donc de flairer les odeurs volatiles émises par leur urine et leurs excréments.

De la bagarre dans l'air ?

Pas du tout, si l'on en croit la position de la queue et la douceur avec laquelle le chat pose sa patte sur le museau du chien. Les chats qui se sentent harcelés par les chiens et qui ont peur se défendent avec des coups de pattes. Ils avertissent au préalable avec une mimique et posture menaçantes, accompagnées de grondements, crachements et feulements.

Baisers mouillés

Les chats manifestent leur sympathie, voire leur affection pour les chiens en frottant leur tête contre eux et en les léchant. Ici, l'initiative est venue du Teckel, qui initie le chaton à ce type d'échanges. Le chaton paraît un peu méfiant, mais il ne tardera pas à comprendre qu'il est hors de danger et à répondre à ce geste amical. De violents coups de queue ou de patte signifient exactement le contraire chez le chat et le chien. Les malentendus ne sont pas rares, du moins tant que les protagonistes ne se connaissent pas. Mais l'un et l'autre étant tous deux doués pour l'observation, ils saisissent vite de quoi il retourne.

De vrais amis

Bien que le chat et le chien ne parlent pas la même langue, ils apprennent à comprendre celle de l'autre, surtout lorsqu'ils se côtoient dès leur plus jeune âge. Ils tissent parfois des liens étroits et attendrissants, partageant les gamelles et les couffins pour dormir. Il arrive même que le chat accompagne le chien lors de ses sorties quotidiennes pour se soulager.

Adorables Chatons

Les chatons sont capables de s'adapter aux milieux et aux conditions de vie les plus divers, et ils considèrent comme normales les situations auxquelles ils sont confrontés. Nous ne devons cependant pas abuser de leur extraordinaire faculté d'adaptation et ne jamais oublier que ce sont de petits félins.

Amours félines

Les chattes ne sont pas les seules à émettre de tendres miaulements et roucoulements, parfois même des trilles, lorsqu'elles retrouvent leurs petits dans le nid ou qu'elles veulent appeler leurs chatons qui se sont éloignés. Les chats entiers font la cour aux chattes en chaleur avec ce genre de vocalises, et celles-ci répondent à leurs avances de la même manière. Ces chants amoureux, qui peuvent durer des heures, n'ont d'autre fonction que de stimuler le plaisir de l'autre.

Roulades

Lorsqu'une chatte a envie de s'accoupler, elle se frotte plus souvent contre les personnes et les objets, elle marque davantage son territoire avec des jets d'urine et n'arrête pas de pousser des miaulements langoureux pour attirer les mâles. Lorsque l'un d'eux s'approche, elle l'accueille tout d'abord avec des feulements et des coups de pattes, puis elle se montre plus sociable et commence à se rouler par terre. Elle tente de le séduire en frottant son ventre, son menton et sa tête contre le sol, en ronronnant à qui mieux mieux et en s'étirant longuement.

LE SAVIEZ-VOUS ?

Les grondements des chats non castrés n'ont pas pour seul but d'intimider les rivaux ; ils augmentent la réceptivité sexuelle des femelles qui les entendent. Elles mettent davantage en scène les comportements typiques de la chatte en chaleur que celles qui ne sont pas stimulées par ces parades.

Approche prudente

À la voir se rouler dans tous les sens, on peut supposer que, outre l'effet visuel, elle répand des phéromones susceptibles d'intéresser le chat. Tandis qu'elle s'en éloigne en plaçant sa queue sur le côté, celui-ci la suit en faisant le flehmen. Puis elle s'arrête. Piétinant le sol avec ses pattes postérieures, elle s'aplatit de l'avant et relève son arrière-train, indiquant ainsi qu'elle est prête.

Copulation rapide

Le chat ne se le fait pas dire deux fois : il chevauche la chatte, la saisit par la nuque et la pénètre. La saillie proprement dite ne dure que quelques secondes. Le gland du pénis est recouvert de papilles cornées qui permettent une pénétration indolore, mais qui le retiennent dans le vagin. Rien d'étonnant donc que, une fois l'accouplement terminé, la chatte pousse un cri perçant et agresse le mâle en feulant. Celui-ci s'enfuit, avant de retenter sa chance.

Des préludes plus discrets

Chez les chats qui vivent ensemble, la parade est souvent moins expressive, sans les vocalises du chat et les tentatives de séduction de la chatte en chaleur. Celle-ci ne choisit pas nécessairement le mâle le plus agressif, les gènes et les phéromones jouant un rôle majeur.

Chaleur et odeurs balisent le chemin

Dès la naissance, les chatons ont des sens extrêmement performants. Le sens de l'équilibre est déjà bien développé, de même que le toucher, et ils manifestent une sensibilité à la douleur. Bien qu'ils ne soient capables ni de voir ni de percevoir certains sons, ils trouvent facilement le ventre chaud de leur mère. Leur odorat ainsi que les récepteurs sensibles à la chaleur situés sur le museau leur indiquent le chemin.

Beaucoup d'attention

Pour la future mère, une toilette rigoureuse et une alimentation équilibrée ne suffisent pas à assurer le bien-être de sa progéniture. Outre des caractères héréditaires favorables (notamment une bonne santé), elle doit pouvoir bénéficier pendant la gestation de gestes d'affection comme les caresses sur le ventre.

Bar à lait

Très nourrissant, le lait de la maman chatte est aussi délicieusement parfumé. En effet, peu de temps après la naissance se développe sur son ventre, entre les mamelles, une phéromone très importante pour le développement du chaton. Elle est merveilleusement apaisante, comme son nom l'indique. Il s'agit de la CAP (Cat Appeasing Pheromone).

Les yeux fermés

Pour protéger les yeux fragiles, les paupières sont fermées à la naissance. Elles ne s'ouvrent qu'entre le 7e et le 9e jour. Au départ, les chatons voient flou et ne distinguent pas encore les couleurs (ils ne verront plus tard que le bleu, le vert et le jaune). De même, la vision spatiale, excellente chez le chat, ne se développant qu'au cours des semaines suivantes, ils ont des difficultés à apprécier correctement les distances. Leurs moustaches ultraperformantes les aident néanmoins à s'orienter.

Repos bien mérité

Pour traiter les nouvelles informations qui affluent à longueur de journée, rien de tel que de dormir. Les nouveau-nés ont un grand besoin de sommeil, autant pour intégrer toutes les expériences vécues que pour se reposer et grandir. De nombreuses hormones de croissance, indispensables, sont en effet produites pendant les heures de sommeil.

LE SAVIEZ-VOUS ?

Dès la naissance, les vibrisses particulièrement sensibles du chat, ainsi que tous les autres poils tactiles, situés notamment sur les joues, autour des yeux et sur les pattes, sont pleinement performants. Ils perçoivent les stimuli tactiles, mais peuvent aussi détecter la présence d'objets ou de proies sans contact.

Un environnement stimulant

Les facultés d'apprentissage et d'exploration des chatons sont largement dépendantes des stimuli que leur offre leur environnement. Plus ils sont nombreux et variés, plus les chatons peuvent développer et exercer leurs capacités sensorielles et motrices. Un environnement stimulant forge aussi leur personnalité et leur permet d'acquérir des compétences sociales, en entrant en contact avec des congénères aussi bien que des individus d'espèces différentes.

J'ai peur !

Le chaton connaît bien le cri de sa mère lorsqu'elle vient d'attraper une souris ; il se précipite sur-le-champ. Mais aujourd'hui, son cri lui paraît étrange. Quelle est cette grosse bestiole qu'elle traîne ? Elle ne feule pas, ce qui signifie : « Attention, c'est dangereux ! » Qui ne risque rien n'a rien. Finalement, le ronronnement apaisant de sa mère a raison de sa peur.

Très intéressés

Regarder comment sa mère s'y prend donne envie d'essayer soi-même. Les préférences alimentaires, identiques pendant toute la vie, se développent également de cette manière. La présence de la chatte près de la gamelle suffit à rassurer les chatons confrontés à la nouveauté. On pense que les odeurs associées à l'allaitement déterminent en partie les goûts alimentaires.

Une aide essentielle

C'est émouvant de voir avec quelle constance la chatte s'occupe de ses petits, y compris lorsqu'ils grandissent. Le nettoyage de leur pelage compte parmi les principales tâches qui lui incombent. Pendant les premiers jours de leur vie, elle lèche régulièrement la région anale pour les inciter à uriner et à déféquer. L'apprentissage de la propreté ne peut se faire sans son aide.

Je suis plus gros que toi !

L'apprentissage de la socialisation est d'une importance majeure pour que les chats puissent cohabiter en paix et il doit s'effectuer de préférence pendant les 10 premières semaines. Si, durant cette période sensible, les chatons vivent avec des frères et sœurs et/ou des adultes affectueux, ils sont davantage aptes à la socialisation pendant le reste de leur vie. La sollicitude de la mère pour ses petits est aussi déterminante : plus elle s'en occupe, plus ils sont sociables, en bonne santé, et mieux ils résistent au stress.

LE SAVIEZ-VOUS ?

À partir de la 3ᵉ semaine, le chaton devient particulièrement réceptif à ceux qu'il côtoie, qu'il s'agisse d'humains ou d'animaux. Mais ce sont seulement les interactions avec ses semblables qui forgent son identité.

Curieux comme pas deux

À partir du 5e jour, l'audition devient opérationnelle et les chatons commencent à réagir aux bruits. La vie devient vraiment intéressante! Les petites oreilles sont encore plaquées contre la tête, et les conduits auditifs sont étroits. Mais ils s'élargissent pendant la 2e semaine et les pavillons auriculaires gagnent chaque jour en mobilité. Dès que les chatons perçoivent un son, ils redressent la tête, balaient les environs du regard, reniflent et bougent leurs oreilles dans tous les sens pour le localiser avec exactitude.

En route pour l'aventure

Dès que le chaton est suffisamment assuré sur ses pattes, il part explorer son environnement immédiat. Si sa mère le suit du regard, c'est encore mieux; il se sent plus confiant. Tantôt il progresse prudemment, légèrement baissé; tantôt il avance à grands pas, la queue à la verticale et visiblement sûr de lui. Il regarde sans cesse autour de lui, s'arrête pour pétrir le sol. À la vue d'un congénère qui approche ou de quelque chose qui l'intéresse, il saute latéralement, comportement qui traduit autant son enthousiasme que son manque d'assurance. De plus en plus souvent, il imite sa mère. S'il détecte brusquement l'odeur d'un semblable, il s'entraîne au flehmen. Lorsqu'il se sent mal à l'aise, il adopte une posture menaçante en arquant son dos et en hérissant son poil sur tout son corps.

Que de découvertes !

Ces explorations, qui stimulent tous les sens, sont idéales pour le développement sensoriel du chaton. Sa vision spatiale s'améliore et il apprécie mieux les distances. Ses oreilles sont désormais capables de percevoir le moindre bruit, de le localiser et de l'identifier avec précision. Le petit félin peut même bouger ses deux oreilles indépendamment, une aptitude qu'il met notamment à profit pour exprimer ses émotions.

Attention, danger !

Les sorties sans maman chatte exposent naturellement le chaton à de nombreux dangers. Mais il sait instinctivement se cacher en cas de nécessité, pour échapper par exemple à la convoitise d'un rapace. Au cours de ses diverses sorties, il a repéré les lieux et connaît les cachettes où il peut se réfugier.

Si agile, déjà…

Il ne reste pas longtemps caché. Poussé par son insatiable curiosité, il sort rapidement de sa cachette pour poursuivre ses explorations. Grâce aux récepteurs tactiles situés sur ses coussinets, entre les doigts et à la base des griffes, mais aussi à son remarquable sens de l'équilibre, rien de plus facile qu'un sprint sur une branche, même à son âge.

Du nouveau partout

Pour le chaton, la découverte de la vie s'accompagne d'un flot ininterrompu de sensations. Dès le nid, il doit apprendre à gérer ses frustrations et ses échecs, lorsqu'il se voit refuser l'accès aux mamelles de sa mère, qui peut même réagir avec des feulements. Les nombreux stimuli optiques et acoustiques sont parfois angoissants. La nouveauté n'est pas toujours facile à appréhender. C'est en multipliant les expériences que le chaton élabore peu à peu des stratégies pour surmonter les difficultés et grandir.

Exercice acrobatique

Lorsqu'un chaton surestime son aptitude à grimper, cela peut se solder par une grosse frayeur. Les muscles peu développés et les petites pattes aux griffes encore molles ne sont pas des aides très sûres. Quant au réflexe de redressement qui, en cas de chute, permet au chat de pivoter très rapidement sur son axe et de tendre ses pattes en direction du sol pour atterrir en douceur, il n'est opérationnel qu'à la fin de la 6e semaine. En revanche, le chaton sait se hisser sur un support et y faire éventuellement une étrange découverte. Après avoir réalisé sa bévue, il ne lui reste plus qu'à se débrouiller comme il peut pour redescendre.

LE SAVIEZ-VOUS ?

Lorsque la chatte souffre de malnutrition pendant la gestation et l'allaitement (souvent une carence en protéines), ses petits peuvent être victimes de troubles moteurs graves, qui affectent notamment le sens de l'équilibre.

Coucou minou!

Se frotter la tête contre celle de sa jeune maîtresse : quel merveilleux geste d'affection ! La phase de socialisation étant beaucoup plus longue chez le chat domestique que chez le chat sauvage, nous avons tout le temps de familiariser le chaton avec la nouveauté, y compris les interactions avec les humains. Les câlins doivent figurer chaque jour au programme. Il est préférable que plusieurs personnes s'occupent du chaton, pour éviter qu'il ne reporte son affection sur une seule.

Pleure, pleure!

Dès que le chaton entend bien, il réagit instantanément aux sons émis par ses congénères, mais il sait aussi se faire entendre, parfois même avec véhémence. Ce n'est jamais sans raison ; il nous appartient donc de tenter d'élucider la cause de ces manifestations, afin de soulager si besoin sa souffrance. En effet, seules les expériences négatives modérées peuvent être utiles pour le développement physique et mental du chaton.

À la conquête du monde

Plus nous tenons compte des besoins physiques et psychiques de notre chaton et le confrontons à des défis, plus sa vie est riche, stimulante et divertissante. Dès son plus jeune âge, de nouveaux stimuli doivent lui être proposés chaque jour pour le maintenir en bonne santé et lui éviter l'ennui. Il convient de prévoir des jeux et des occupations qui satisfont son instinct de chasseur et renforcent ses muscles, ainsi que des activités destinées à lui assurer une bonne condition physique.

Un paradis en plein air

Pour le chaton, un enclos ou un balcon sécurisé par un filet de protection peut constituer un magnifique terrain d'aventures, avec une profusion de stimuli pour son développement autant physique que psychique. Quoi de mieux qu'un point d'observation situé en hauteur pour profiter de la vue, regarder les oiseaux et tout ce qui se passe autour de soi ? Un sac douillet ou un coin ombragé est idéal pour se retirer en cas de nécessité, et quand vient l'heure du jeu, rien de tel que de pouvoir chasser les souris en peluche, s'amuser dans un tunnel ou essayer d'attraper une balle. Il suffit d'ajouter un pot rempli d'herbe à chat, quelques jardinières plantées d'herbes non toxiques, un bac à litière et un arbre à chat robuste, conçu pour résister aux intempéries : l'espace en plein air s'apparente à un véritable paradis. Un petit bassin avec des jouets flottant à la surface de l'eau complétera parfaitement l'ensemble.

Comment faire ?

Difficile, pour un chaton,
de renoncer à des initiatives
risquées, comme se promener sur
la main courante de la balustrade.
Si la montée est généralement
facile, descendre est une tout
autre histoire : tête la première,
ça ne fonctionne généralement
pas, et pour aller à reculons, un bon
entraînement est indispensable.
Ce jeune Somali réfléchit
à la meilleure solution à adopter.

En avant, courageusement...

Il choisit la fuite en avant le long
de la balustrade, à travers les plantations, pour
atterrir dans les bras de sa maîtresse. Concentré
et tendu, les oreilles droites, les vibrisses
dirigées vers l'avant, il progresse dans
sa direction d'un pas décidé, en regardant droit
devant lui. Si au moins la main courante n'était
pas aussi étroite : « Ne surtout pas regarder vers
le bas ! », pense-t-il sans doute.

Je me sens mal !

À mi-chemin, il est soudain pris de peur,
comme il le montre nettement. Le corps
baissé, la queue retombante, les oreilles
dirigées vers l'arrière et plaquées contre
la tête, la bouche fermée, les paupières mi-
closes, le pelage ébouriffé : tous ces signes
indiquent qu'il est en proie à la peur.
Mais il va parvenir à son but.

Jeux individuels

Le chaton joue seul ou avec un partenaire. Lorsqu'il est seul, il prend un plaisir évident à tenter d'attraper des objets qui simulent des proies. Très concentré, il s'entraîne à tendre la patte latéralement pour capturer la victime avant de lui infliger le coup fatal. Pour ces jeux de chasse, l'apprentissage s'effectue par la répétition des différentes séquences.

Charmante abeille

La diversité des occupations est essentielle à l'épanouissement du chaton. Quand il s'amuse à chasser, il entre vraiment en action lorsque la « proie » vit, lorsqu'elle bouge, se faufile à droite et à gauche en émettant si possible des sons.

Viens chez moi !

Le chaton, mais aussi le chat adulte adorent s'occuper seuls avec des jouets qu'ils pourchassent pour ensuite les capturer. N'est-il pas de plus grand plaisir que de prendre une proie par surprise en lui tendant une embuscade ?

Partie de billard

Ces jolies boules en bois sont très excitantes,
et les chats n'ont pas fini de nous étonner avec
leur ruse et leur habileté. Si, en essayant
de dénicher la friandise cachée dessous,
le petit félin fait rouler malencontreusement
une boule sur le sol avec la patte, il tentera
sa chance avec une autre.

Séance d'aquagym

Le jeu de la pêche stimule les récepteurs tactiles
situés sous les pattes, mais il met également
les griffes à contribution pour attraper le jouet.
Le chat est connu pour sa persévérance ;
en témoignent les jeux d'adresse impliquant
des mouvements brusques de la « proie »,
qui éveillent son instinct de chasseur. Dans l'eau
du bassin, celle-ci n'arrête pas de bouger,
et à peine la patte l'a-t-elle touchée qu'elle
disparaît de nouveau.

Sacs et cartons

Se cacher dans des sacs en papier
et des cartons ou y chercher
des friandises est sans conteste
l'un des jeux préférés du chat,
qui ne semble jamais s'en lasser.
Les rouleaux de papier absorbant
vides font aussi l'affaire pour
y glisser une gourmandise
que le chat tentera de dénicher.
Ce genre d'exercice met
naturellement à l'épreuve
des aptitudes comme la dextérité.

Jeux sociaux

Jouer avec les frères et sœurs est encore plus stimulant, mais aussi plus enrichissant. Les jeux collectifs permettent en effet de développer des compétences nécessaires pour la chasse, le combat et la reproduction. La maîtrise parfaite des différentes techniques semble si importante pour la survie que les chattes n'ayant eu qu'un petit n'hésitent pas à endosser le rôle de partenaire de jeu afin qu'il puisse s'entraîner.

Tester ses forces

Par le jeu, le chaton se familiarise avec les comportements qui lui seront utiles dans sa vie quotidienne. Le renforcement musculaire et le développement des aptitudes motrices ne sont pas tout. Une manœuvre habile est souvent préférable à la force pour atteindre son but. Mais la bagarre forge aussi la personnalité.

Ça sent le roussi !

Des simulacres de combats entre chats peuvent cependant vite tourner au vinaigre et dégénérer en de véritables échauffourées, avec échanges de coups de pattes, feulements impressionnants et touffes de poils arrachées. Mais les chatons semblent mieux supporter que nous ce type d'incidents. Après des intermèdes d'une telle violence, chacun s'en va de son côté, sans en vouloir apparemment à l'autre.

LE SAVIEZ-VOUS ?

Vers l'âge de 8 mois, une hiérarchie apparaît entre les mâles d'une même portée. Elle ne dépend manifestement pas de la force, plutôt de la personnalité des individus.

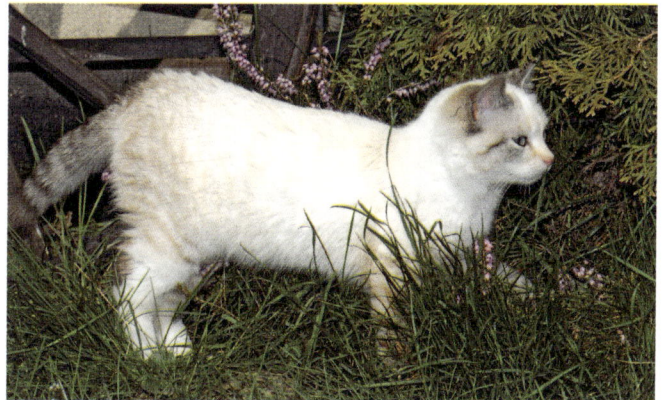

Course-poursuite

Le chat aime exécuter des mouvements rapides avec des changements de direction soudains, notamment lorsqu'il joue avec ses semblables ou avec des humains.
En voyant la queue de sa mère qui tressaille, son petit est pris d'une envie irrésistible de bondir pour l'attraper et la mâchonner. Ainsi, les courses-poursuites comptent parmi les divertissements préférés des chats.

Ventre en l'air

Le jeu développe les compétences sociales ainsi que l'aptitude au combat. Le chaton adore tester ses forces, se lancer dans des courses-poursuites folles, avoir des mimiques et une gestuelle expressives. Les jeunes chats sont généralement plus entreprenants et dynamiques que leurs sœurs. Entre elles, les chattes privilégient d'autres stratégies que lorsqu'elles jouent avec leurs frères. Il semble que les portées mixtes soient davantage propices aux apprentissages.

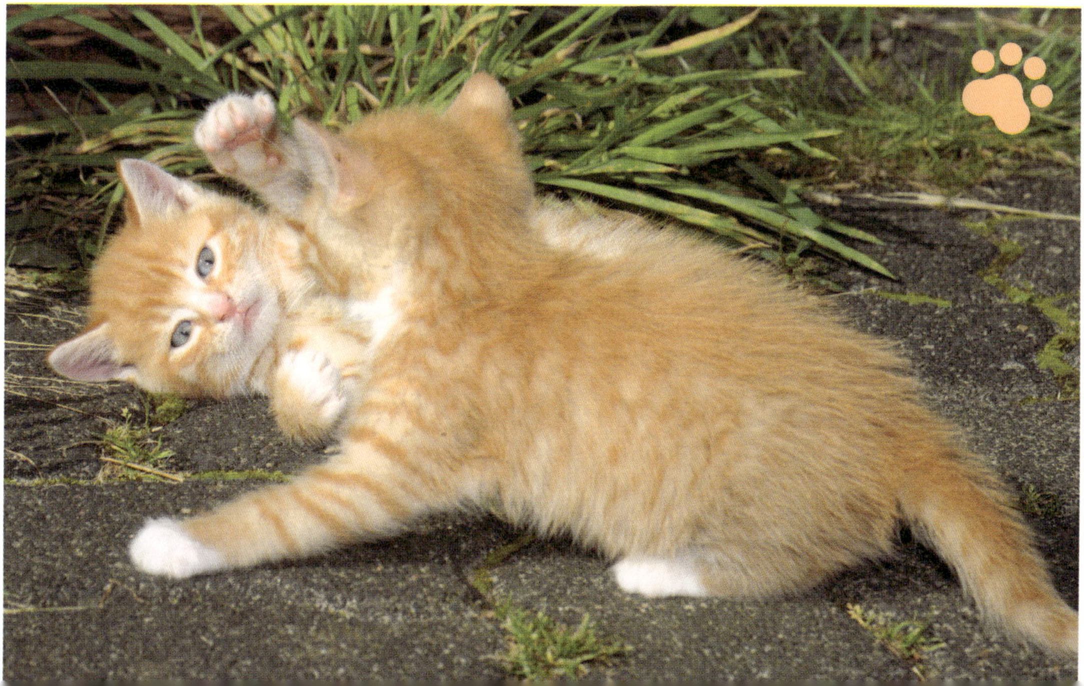

Minou fait des bêtises

Tester pour savoir ce qui est permis ou ce qui est faisable :
pourquoi les chatons seraient-ils différents des jeunes enfants ?
Pour leur développement physique et mental, pour les aider
à grandir et à respecter leur environnement, nous devons
cependant imposer des limites aux petits intrépides.

C'est si bon !

Échappant soudain à la surveillance de son maître, le chaton saute sur le rebord de la fenêtre pour goûter aux feuilles de la plante verte, à ses risques et périls. Il nous appartient de veiller à protéger nos compagnons en toutes circonstances et à leur fournir tout ce dont ils ont besoin pour leur bien-être. Rien de plus facile que de cultiver de l'herbe à chat dans un intérieur, pour leur plus grande joie.

Que fais-tu là-haut ?

On peut s'attendre à tout de la part d'un chaton. D'un pas léger mais assuré, il déambule comme si de rien n'était au milieu des bibelots, tout en haut du rayonnage. Rien de bien surprenant : chacun sait que son sens de l'équilibre est remarquable et que son corps est recouvert de récepteurs tactiles. Attention cependant aux objets dangereux : avant d'adopter un chat, vérifiez votre intérieur et retirez tout ce qui peut menacer sa sécurité.

Montée abrupte

Il essaie de grimper partout, sur les objets, sur ses semblables, sur nous, et tant que nous ne lui opposons pas un non catégorique, il continue. Il ne faut pas oublier que le chaton grandit vite, qu'il prend du poids et qu'il est équipé de redoutables griffes. Heureusement, il a soif d'apprentissage, surtout dans les premiers mois de sa vie. Ne laissons pas passer cette période précieuse sans lui signifier clairement mais affectueusement ce que nous sommes prêts à supporter sur notre peau et nos vêtements. Une fois les comportements indésirables installés, il est beaucoup plus difficile de les supprimer.

Ça suffit !

Tous ses sens sont concentrés sur la « proie ». Dès qu'elle s'immobilise, le chaton s'avance pour bondir dessus. C'est très amusant pour lui. Mais s'il apprécie de pouvoir découvrir le monde en jouant, cette agitation n'est pas du goût du vieux chat, qui commence à s'impatienter. Son expression faciale traduit bien ce qu'il entend lui dire : « Va-t'en de là, sinon il va t'arriver quelque chose ! » Une bonne leçon pour mieux grandir...

Apprendre les bonnes manières

On entend souvent dire que le chat ne peut pas être éduqué,
mais c'est faux. Bien sûr, il ne se dresse pas comme un chien.
Le chaton est cependant capable d'apprendre les bonnes manières
par le conditionnement. Lorsqu'un bon comportement souhaité
par le maître est récompensé par une réponse positive, il le reproduit.
Un comportement qui reste ignoré ou qui est suivi d'une réponse négative
est plus rarement reproduit et disparaît dans le meilleur des cas.

L'occasion fait le larron

Le chat libre de sortir part à la chasse toutes
les 2 ou 3 heures, mais le chat d'intérieur
manifeste les mêmes besoins lorsqu'il se trouve
en présence de nourriture alléchante.
Mieux vaut donc éviter de le tenter. À moins
de le piéger et d'asperger le chaton avec
un brumisateur avant qu'il ne passe à l'action,
pour le dissuader de satisfaire ses envies.

Des chats sur la table ?

Si vous ne voulez pas voir votre chat vagabonder
tous les matins sur la table du petit déjeuner,
faites-le descendre fermement dès que vous
le surprenez dans cette mauvaise action.
S'il ne vous est pas possible de le surveiller
à ce moment critique, laissez la porte
de la cuisine fermée. Vous éviterez ainsi
qu'un autre chat ne vienne le rejoindre
et ne prenne lui aussi cette fâcheuse habitude.

Pris sur le vif

Comment faire comprendre à un chaton que telle action est interdite, telle autre bonne ? La voix, forte ou douce selon les cas, ne suffit généralement pas. Un dispositif efficace, appelé « clicker », émet des clics lorsqu'on appuie dessus qui sont associés à une récompense. Pour que le chaton fasse l'association entre le clic et la récompense, il doit recevoir après un clic, à chaque fois, une friandise. Une bonne action est suivie d'un clic, au contraire d'une mauvaise action. Dans ce dernier cas, un comportement de substitution est proposé et aussitôt suivi par un clic. Si, en présence du petit déjeuner sur la table, le chaton s'assoit sur une chaise, le maître émet un clic et lui offre une friandise. S'il saute sur la table, pas de clic et il ne reçoit rien. Ce type de conditionnement favorise les comportements souhaitables et permet d'éliminer les mauvaises habitudes.

Pas sur le canapé !

Un griffoir en bonne et due forme est indispensable pour que le chaton puisse assouvir son besoin irrépressible de gratter. La pulvérisation de phéromones faciales apaisantes (disponibles dans le commerce) peut aider à atténuer ce comportement naturel. Les chats évitent généralement de laisser leurs griffades sur les surfaces qui ont été pulvérisées.

Informations utiles

Que vous souhaitiez approfondir un sujet
particulier ou en savoir davantage
sur le comportement du chat en général,
la bibliographie vous y aidera. Le carnet
d'adresses donne la liste des services utiles
pour les propriétaires de chats. L'index
vous permet de vous reporter facilement
aux notions abordées dans le livre.

Bibliographie

- Bulard-Cordeau, Brigitte, *Une vie de (pa)chat*, Larousse, 2017.
- Bulard-Cordeau, Brigitte, *Accueillir un chat*, Larousse, 2014.
- Collectif, *Choisir son chat*, Larousse, 2014.
- Collectif, *Le Grand Larousse du Chat*, Larousse, 2015.
- Dr Cuvelier, Jean, *Français/Chat Chat/Français : mini-dictionnaire bilingue*, Larousse, 2017.
- Dr Cuvelier, Jean, *Le Petit Larousse du Chat et du Chaton*, Larousse, 2012.
- Dr Cuvelier, Jean, *Miaou !! Le Guide du parler chat*, Larousse, 2015.
- Dr Fogle, Bruce, *Si votre chat pouvait parler...*, Larousse, 2014.
- Dr Gagnon, Anne-Claire, *Mon chat sur le divan*, Larousse, 2014.
- Dr Gagnon, Anne-Claire, *Ce chat qui a changé ma vie*, Larousse, 2015.
- Holland, Simon, *Testez le QI de votre chat*, Larousse, 2017.
- Katô, Yoshiko, *Bien vivre avec son chat*, Larousse, 2016.
- Koizumi, Sayo, *Chattitudes*, Larousse, 2015.
- Koizumi, Sayo, *Chacrobate !*, Larousse, 2015.
- Lasserre, Hélène, Bonotaux, Gilles, *Mon chat est un hypocrite*, Larousse, 2017.
- Lasserre, Hélène, Bonotaux, Gilles, *Les Vacances du chat hypocrite*, Larousse, 2011.
- Lasserre, Hélène, Bonotaux, Gilles, *Le Bébé du chat hypocrite*, Larousse, 2012.
- Lasserre, Hélène, Bonotaux, Gilles, *Mon chat est un psychopathe*, Larousse, 2017.

Carnet d'adresses

Fichier national félin
Société d'identification électronique vétérinaire (SIEV)
I-CAD
112-114, avenue Gabriel-Péri
94240 L'Hay-les-Roses Cedex
Tél. 0810 778 778
www.i-cad.fr

Livre officiel des origines félines (LOOF)
1, rue du Pré-Saint-Gervais
93500 Pantin
Tél. 01 41 71 03 35
www.loof.asso.fr

Fédérations félines

Fédération internationale féline (FIFe)
17, rue du Verger
L-2665 Luxembourg
www.fifeweb.org

Fédération féline française (FFF)
Membre de la FIFe
33, rue d'Estienne-d'Orves
38130 Échirolles
Tél. 04 76 22 07 96
www.fff-asso.fr

Associations de protection animale

École du chat
BP 184
75864 Paris Cedex 18
Tél. 06 07 31 30 54
www.ecoleduchat.asso.fr

Fondation 30 Millions d'amis

40, cours Albert-Ier

75008 Paris

Tél. 01 56 59 04 44

www.30millionsdamis.fr

Fondation Brigitte-Bardot

28, rue Vineuse

75116 Paris

Tél. 01 45 05 14 60

www.fondationbrigittebardot.fr

Fondation assistance aux animaux

23, avenue de la République

75011 Paris

Tél. 01 39 49 18 18

www.fondationassistanceauxanimaux.com

Confédération nationale des SPA de France

26, rue Thomassin

69002 Lyon

Tél. 04 78 38 71 85

www.cnspa.fr

Société protectrice des animaux

39, boulevard Berthier

75847 Paris Cedex 17

Tél. 01 43 80 40 66

www.la-spa.fr

Gardes à domicile ou dans des familles d'accueil

www.animado.com

www.ani-maison.asso.fr

www.animal-keeping.com

www.gardicanin.fr

www.homesitting.fr

www.ilidor.com

Santé

École nationale vétérinaire d'Alfort (ENVA)

7, avenue du Général-de-Gaulle

94704 Maisons-Alfort Cedex

Tél. 01 43 96 71 00

Urgences tél. 01 43 96 72 72

www.vet-alfort.fr

Dispensaire parisien de la Fondation assistance aux animaux

23, avenue de la République

75011 Paris

Tél. 01 43 55 76 57

Autres dispensaires à Bordeaux, Marseille, Nice et Toulon

http://www.fondationassistanceauxanimaux.org/dispensaires-animaux

Dispensaires de la SPA

www.la-spa.fr

Incinération des animaux de compagnie

www.incineris.fr

Cimetières animaliers

Cimetière d'Asnières

4, pont de Clichy

92600 Asnières

Tél. 01 40 86 21 11

Cimetière de Marcoussis

Route de Couard

91460 Marcoussis

Tél. 01 64 49 81 81

Cimetière de Villepinte

18-24, route de Tremblay

93420 Villepinte

Tél. 01 43 83 76 33

Index

Crédits photographiques

g = gauche, d = droite, h = haut, b = bas, c = centre

Sauf mention contraire, toutes les photos sont de Charlotte Widmann.

© Hilbert Glaser : p. 18h et b, 19h, c et b, 35h, 38h et b,
39bg et bd, 62d, 63h et b, 70b, 71b, 76, 77h et b.
© Gabriele Metz/Kosmos : p. 80g et d, 81h, c et b, 87b.
© Heike Schmidt-Röger : 4h, 6, 7, 10d, 14g et d, 15h, 16b, 20g, 25, 32h et b, 37g et d, 48, 49, 50h
et b, 51h et b, 56, 60h et b, 61h et b, 65h et b, 84h et b, 85h et b, 86h et b, 87h, 89, 91, 92, 93.
© Verena Scholze/Kosmos : p. 75h, c et b.
© Sandra Schürmans : p. 24, 74.
© Shutterstock/Orfeev ; LANTERIA et Thinkstock/mari_art : dessins silhouettes chats.
© Shutterstock/Amma Shams : illustration 9, 27, 51, 69, 91.

1re de couverture : © Drewka-Tierfotoarchiv ;
4e : © Jana Weichelt

PAPIER À BASE DE
FIBRES CERTIFIÉES

LAROUSSE s'engage pour
l'environnement en réduisant
l'empreinte carbone de ses livres.
Celle de cet exemplaire est de :
950 g éq. CO$_2$
Rendez-vous sur
www.larousse-durable.fr

Imprimé en Espagne par Macrolibros SL
Dépôt légal : mars 2018
320883/02 – 11037146 – juin 2019